国家基本职业培训包（指南包 课程包）

咖 啡 师

人力资源社会保障部职业能力建设司编制

中国劳动社会保障出版社

图书在版编目（CIP）数据

咖啡师 / 人力资源社会保障部职业能力建设司编制. -- 北京：中国劳动社会保障出版社，2021

国家基本职业培训包：指南包　课程包
ISBN 978-7-5167-5005-6

Ⅰ.①咖…　Ⅱ.①人…　Ⅲ.①咖啡 – 配制 – 职业培训 – 教材　Ⅳ.①TS273.4

中国版本图书馆 CIP 数据核字（2021）第 165614 号

中国劳动社会保障出版社出版发行

（北京市惠新东街 1 号　邮政编码：100029）

*

三河市华骏印务包装有限公司印刷装订　新华书店经销

880 毫米 × 1230 毫米　16 开本　5.5 印张　94 千字
2021 年 9 月第 1 版　2023 年 11 月第 5 次印刷

定价：18.00 元

营销中心电话：400-606-6496
出版社网址：http://www.class.com.cn

版权专有　　侵权必究

如有印装差错，请与本社联系调换：（010）81211666
我社将与版权执法机关配合，大力打击盗印、销售和使用盗版图书活动，敬请广大读者协助举报，经查实将给予举报者奖励。
举报电话：（010）64954652

编 制 说 明

为全面贯彻落实习近平总书记对技能人才工作的重要指示精神，进一步增强职业技能培训针对性和有效性，不断提高培训质量，培养壮大创新型、应用型、技能型人才队伍，按照《人力资源社会保障部办公厅关于推进职业培训包工作的通知》（人社厅发〔2016〕162号）的工作安排，我部持续组织开发培训需求量大的国家基本职业培训包，指导开发地方（行业）特色职业培训包，力争全面建立国家基本职业培训包制度，普遍应用职业培训包高质量开展各类职业培训。

职业培训包开发工作是新时期职业培训领域的一项重要基础性工作，旨在形成以综合职业能力培养为核心、以技能水平评价为导向，实现职业培训全过程管理的职业技能培训体系，这对于进一步提高培训质量，加强职业培训规范化、科学化管理，促进职业培训与就业需求的有效衔接，推行终身职业培训制度具有积极的作用。

国家基本职业培训包由指南包、课程包和资源包三个子包构成，是集培养目标、培训要求、培训内容、课程规范、考核大纲、教学资源等为一体的职业培训资源总和，是职业培训机构对劳动者开展政府补贴职业培训服务的工作规范和指南。

国家基本职业培训包遵循《职业培训包开发技术规程（试行）》的要求，依据国家职业技能标准和企业岗位技术规范，结合新经济、新产业、新职业发

编制说明

展编制，力求客观反映现阶段本职业（工种）的技术水平、对从业人员的要求和职业培训教学规律。

《国家基本职业培训包（指南包 课程包）——咖啡师》是在各有关专家的共同努力下完成的。参加编审的主要人员有乔杰、边疆、杨铭铎、林苏钦、王劲、王东、施燕丹、芮婷婷、黄传禧、杨瑜、李建忠、王慎军、董赟、赵界、李真真，在编制过程中得到了中国烹饪协会、顺德职业技术学院、上海旅游高等专科学校、常州旅游商贸高等职业技术学校、广西商业技师学院、广东创新科技职业学院等有关单位的大力支持，在此一并致谢。

人力资源社会保障部职业能力建设司

国家基本职业培训包编审委员会

主　任　刘　康

副主任　张　斌　王晓君　袁　芳　葛　玮

委　员　田　丰　项声闻　尚　涛　葛恒双

　　　　蔡　兵　赵　欢　吕红文

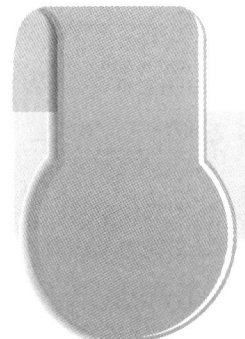

目录

1 指南包

1.1 职业培训包使用指南 ··· 002
- 1.1.1 职业培训包结构与内容 ··· 002
- 1.1.2 培训课程体系介绍 ·· 003
- 1.1.3 培训课程选择指导 ·· 008

1.2 职业指南 ··· 008
- 1.2.1 职业描述 ··· 008
- 1.2.2 职业培训对象 ·· 008
- 1.2.3 就业前景 ··· 008

1.3 培训机构设置指南 ··· 009
- 1.3.1 师资配备要求 ·· 009
- 1.3.2 培训场所设备配置要求 ··· 009
- 1.3.3 教学资料配备要求 ·· 010
- 1.3.4 管理人员配备要求 ·· 010
- 1.3.5 管理制度要求 ·· 011

2 课程包

2.1 培训要求 ··· 014
- 2.1.1 职业基本素质培训要求 ··· 014
- 2.1.2 五级/初级职业技能培训要求 ··· 015
- 2.1.3 四级/中级职业技能培训要求 ··· 017
- 2.1.4 三级/高级职业技能培训要求 ··· 018

目录

2.1.5 二级/技师职业技能培训要求 020

2.2 课程规范 021

2.2.1 职业基本素质培训课程规范 021
2.2.2 五级/初级职业技能培训课程规范 026
2.2.3 四级/中级职业技能培训课程规范 031
2.2.4 三级/高级职业技能培训课程规范 036
2.2.5 二级/技师职业技能培训课程规范 039
2.2.6 培训建议中的培训方法说明 043

2.3 考核规范 044

2.3.1 职业基本素质培训考核规范 044
2.3.2 五级/初级职业技能培训理论知识考核规范 045
2.3.3 五级/初级职业技能培训操作技能考核规范 046
2.3.4 四级/中级职业技能培训理论知识考核规范 047
2.3.5 四级/中级职业技能培训操作技能考核规范 048
2.3.6 三级/高级职业技能培训理论知识考核规范 048
2.3.7 三级/高级职业技能培训操作技能考核规范 049
2.3.8 二级/技师职业技能培训理论知识考核规范 050
2.3.9 二级/技师职业技能培训操作技能考核规范 050

附录 培训要求与课程规范对照表

附录1 职业基本素质培训要求与课程规范对照表 054
附录2 五级/初级职业技能培训要求与课程规范对照表 059
附录3 四级/中级职业技能培训要求与课程规范对照表 064
附录4 三级/高级职业技能培训要求与课程规范对照表 071
附录5 二级/技师职业技能培训要求与课程规范对照表 075

1
指南包

1.1 职业培训包使用指南

1.1.1 职业培训包结构与内容

咖啡师职业培训包由指南包、课程包和资源包三个子包构成，结构如下图所示。

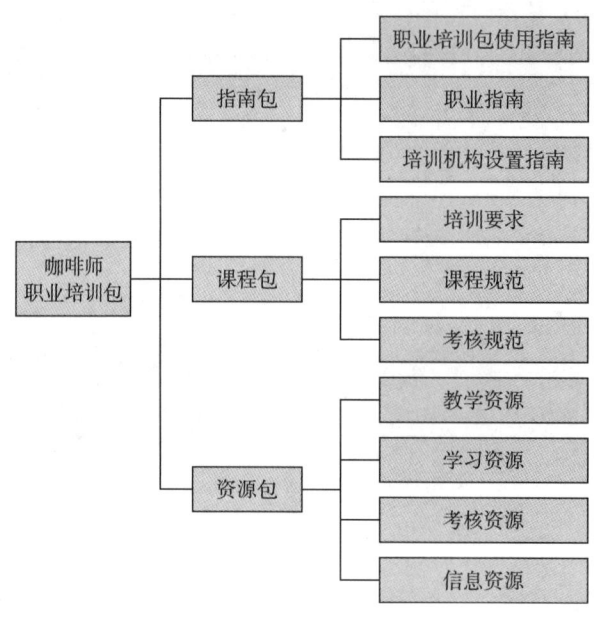

职业培训包结构图

指南包是指导培训机构、培训教师与学员开展职业培训的服务性内容总合，包括职业培训包使用指南、职业指南和培训机构设置指南。职业培训包使用指南是培训教师与学员了解职业培训包内容、选择培训课程、使用培训资源的说明性文本，职业指南是对职业信息的概述，培训机构设置指南是对培训机构开展职业培训提出的具体要求。

课程包是培训机构与教师实施职业培训，培训学员接受职业培训必须遵守的规范总合，包括培训要求、课程规范和考核规范。培训要求是参照国家职业技能标准，结合职业岗位工作实际需求制定的职业培训规范。课程规范是依据培训要求，结合职业培训教学规律，对课程设置、课堂学时、课程内容与培训方法等所作的统一规定。考核规范是针对课程规范中所规定的课程内容开发的，能够科学评价培训学员过程性学习效果与终结性培训成果的规则，是客观衡量培训学员职业基本素质与职业技能水平的标准，也是实施职业培训过程性与终结性考核的依据。

资源包是依据课程包要求，基于培训学员特征，遵循职业培训教学规律，应用先进职业培训课程理念，开发的多媒介、多形式的职业培训与考核资源总合，包括教学资源、学习资源、考核资源和信息资源。教学资源是为培训教师组织实施职业培训教学活动提供的相关资源，学习资源是为培训学员学习职业培训课程提供的相关资源，考核资源是为培训机构和教师实施职业培训考核提供的相关资源，信息资源是为培训教师和学员拓宽视野提供的体现科技进步、职业发展的相关动态资源。

1.1.2 培训课程体系介绍

咖啡师职业培训课程体系依据职业技能等级分为职业基本素质培训课程、五级/初级职业技能培训课程、四级/中级职业技能培训课程、三级/高级职业技能培训课程和二级/技师职业技能培训课程，每一类课程包含模块、课程和学习单元三个层级。咖啡师职业培训课程体系均源自本职业培训包课程包中的课程规范，以学习单元为基础，形成职业层次清晰、内容丰富的"培训课程超市"。

咖啡师职业培训课程学时分配一览表

职业技能等级	课堂学时		其他学时	培训总学时
	职业基本素质培训课程	职业技能培训课程		
五级/初级	42	90	60	192
四级/中级	12	78	60	150
三级/高级	—	60	48	108
二级/技师	—	60	48	108

注：课堂学时是指培训机构开展的理论课程教学及实操课程教学的建议最低学时数，其中职业基本素质培训课程为理论知识培训课程，职业技能培训课程包含理论知识和操作技能培训课程。除课堂学时外，培训总学时还应包括岗位实习、现场观摩、自学自练等其他学时。

（1）职业基本素质培训课程

模块	课程		学习单元	课堂学时
1. 职业认知与职业道德	1-1	职业认知	职业认知	1
	1-2	职业道德基本知识	职业道德基本知识	2
	1-3	职业守则	职业守则	1
2. 咖啡基础知识	2-1	咖啡的起源与传播	咖啡的起源与传播	2
	2-2	咖啡常识	咖啡常识	4
	2-3	咖啡饮用常识	咖啡饮用常识	2

续表

模块	课程	学习单元	课堂学时
3．食品卫生与安全知识	3-1　食品污染	（1）食品污染的概念及类型	1
		（2）各类食品污染及其预防	1
	3-2　食物中毒及预防	（1）食源性疾病与食物中毒	1
		（2）食物中毒的类型	1
		（3）食物中毒事故的处理原则	1
	3-3　咖啡原料的卫生	咖啡原料的卫生与安全	1
	3-4　咖啡制作的卫生	（1）咖啡原料初加工卫生与安全	2
		（2）咖啡制作的卫生与安全	2
	3-5　制作卫生要求	（1）制作卫生"五四"制	1
		（2）个人卫生要求	1
		（3）咖啡企业的环境卫生	1
		（4）咖啡及食品生产、储存、运输、销售过程的卫生要求	1
	3-6　安全用电知识	（1）工作区域安全用电知识	1
		（2）触电的现场救护	1
	3-7　防火防爆安全知识	（1）防火安全知识	1
		（2）防爆安全知识	1
	3-8　设备、工具的安全使用与保养	（1）设备的安全使用与保养	1
		（2）工具的安全使用与保养	1
4．咖啡师的职业形象及素养	咖啡师的职业形象及素养	（1）仪容仪表要求	2
		（2）仪态要求	3
		（3）服务语言及运用	1
5．相关法律、法规知识	5-1　相关法律知识	相关法律知识	2
	5-2　相关法规知识	相关法规知识	2
课堂学时合计			42

注：本表所列为五级/初级职业基本素质培训课程，其他等级职业基本素质培训课程按"咖啡师职业培训课程学时分配一览表"中相应的课堂学时要求进行必要的调整。

（2）五级/初级职业技能培训课程

模块	课程	学习单元	课堂学时
1．咖啡服务	1-1　接待	（1）迎宾送客服务	1
		（2）端送咖啡服务	2
		（3）咖啡厅席间服务	2

续表

模块	课程	学习单元	课堂学时
1．咖啡服务	1-2 销售	（1）介绍咖啡饮品	2
		（2）推销咖啡饮品	2
		（3）咖啡厅结账服务	2
2．咖啡制作	2-1 营业前准备	（1）工作台面清洁及整理	2
		（2）各种器具、设备的清洁及摆放	2
		（3）咖啡辅料准备	2
	2-2 咖啡选取	（1）咖啡厅点单服务	2
		（2）咖啡保鲜知识	2
	2-3 咖啡研磨	（1）咖啡研磨机的使用	5
		（2）咖啡豆的研磨	6
	2-4 咖啡冲泡	（1）使用压力式咖啡机制作咖啡	8
		（2）使用过滤式咖啡器具冲泡咖啡	8
		（3）使用虹吸壶冲煮咖啡	6
		（4）使用摩卡壶冲煮咖啡	6
		（5）使用法压壶冲泡咖啡	6
		（6）使用土耳其壶冲煮咖啡	6
		（7）使用预制定量咖啡器具冲泡咖啡	6
3．咖啡设备、器具的保养和结束营业	3-1 清洁	（1）工作区域的日常清洁	2
		（2）咖啡杯具的清洗及消毒	2
	3-2 设备、器具保养	（1）咖啡设备、器具的维护	2
		（2）咖啡研磨机的维护	2
	3-3 结束营业	结束营业工作	4
课堂学时合计			90

（3）四级／中级职业技能培训课程

模块	课程	学习单元	课堂学时
1．咖啡服务	1-1 接待	餐饮服务英语知识	4
	1-2 销售	咖啡制品的推荐	6
2．咖啡制作	2-1 咖啡的选取	（1）咖啡豆品种	2
		（2）咖啡生豆精制处理	6
		（3）咖啡树种植区域	4

续表

模块	课程	学习单元	课堂学时
2. 咖啡制作	2-2 焙炒咖啡的研磨	（1）咖啡研磨机的类型及使用	4
		（2）研磨机维护与保养	2
	2-3 咖啡用水选择	使用水处理装置净化、软化水质	4
	2-4 咖啡的冲泡	（1）半自动压力式咖啡机	4
		（2）过滤式咖啡机	4
		（3）根据咖啡的特性选择器具、设备及制作方法	6
	2-5 花式咖啡	（1）奶沫制作和奶油打发	4
		（2）花式咖啡制作	20
3. 咖啡设备、器具的保养和结束营业	3-1 设备、器具的保养	（1）工作区域卫生安全规范	1
		（2）设备、器具安全使用规范	3
	3-2 结束营业	（1）工作日志	1
		（2）营业记录报表	1
		（3）营业盘点	2
课堂学时合计			78

（4）三级／高级职业技能培训课程

模块	课程	学习单元	课堂学时
1. 咖啡质量控制	1-1 咖啡选购	（1）咖啡采购	4
		（2）合理控制咖啡库存量	4
	1-2 咖啡出品	（1）常见咖啡的出品标准	8
		（2）判断咖啡出品标准	4
	1-3 咖啡设备故障判断	咖啡设备常见故障	8
2. 咖啡创新与经营	2-1 咖啡饮品的开发	（1）创意咖啡开发	4
		（2）新品咖啡饮料单设计	4
	2-2 策划与经营	（1）收集市场需求信息	2
		（2）建立客户档案	2
		（3）咖啡厅环境布置	2
		（4）咖啡饮品成本及毛利的计算	4

模块	课程	学习单元	课堂学时
3．培训与管理	3-1 培训	（1）培训讲义编写	4
		（2）五级/初级、四级/中级咖啡师培训	4
		（3）新知识、新技术培训	2
	3-2 管理	（1）工作团队餐饮服务培训	2
		（2）根据岗位要求制订服务流程	2
课堂学时合计			60

(5) 二级/技师职业技能培训课程

模块	课程	学习单元	课堂学时
1．咖啡烘焙与拼配	1-1 咖啡的烘焙	（1）咖啡的品种	2
		（2）挑选品质咖啡生豆的标准	2
		（3）烘豆原理	2
		（4）烘焙曲线	4
		（5）咖啡豆烘焙的实际操作	8
		（6）咖啡烘焙设备的操作要求	2
		（7）咖啡烘焙设备的维护技巧	2
	1-2 咖啡的拼配	（1）代表性拼配方式的特点	2
		（2）咖啡拼配的基本方法	6
2．培训与管理	2-1 培训	（1）培训计划的编写	4
		（2）培训教案的编写	4
		（3）培训教学的实施	4
	2-2 管理	（1）人员管理	2
		（2）组织管理	2
3．开店指导与经营管理	3-1 开店指导	（1）咖啡店选址	2
		（2）开店基本常识	2
		（3）开店基本内容及方案制订	2
	3-2 经营管理	（1）成本核算及控制	2
		（2）运营策划	6
课堂学时合计			60

1.1.3 培训课程选择指导

职业基本素质培训课程为必修课程，相当于本职业的入门课程。各级别职业技能培训课程由培训机构教师根据培训学员实际情况，遵循高级别涵盖低级别的原则进行选择。

原则上，初入职的培训学员应学习职业基本素质培训课程和五级/初级职业技能培训课程的全部内容；有职业技能等级提升需求的培训学员，可按照国家职业技能标准的"鉴定要求"，对照自身需求选择更高等级的培训课程。

具有一定从业经验、无职业技能等级晋升要求的培训学员，可根据自身实际情况自主选择本职业培训课程体系。具体方法为：（1）选择课程模块；（2）在模块中筛选课程；（3）在课程中筛选学习单元；（4）组合成本次培训的整个课程。

培训教师可以根据以上方法对培训学员进行单独指导。对于订单培训，培训教师可以按照如上方法，对照订单需求进行培训课程的选择。

1.2 职业指南

1.2.1 职业描述

咖啡师是指从事咖啡制造、调配、服务的人员。

1.2.2 职业培训对象

咖啡师职业培训的对象主要包括：城乡未继续升学的应届初高中毕业生、农村转移就业劳动者、城镇登记失业人员、转岗转业人员、退役军人、企业在职职工和高校毕业生等各类有培训需求的人员。

1.2.3 就业前景

咖啡师的工作岗位有烘焙、杯测、咖吧服务员等，还可以视情况晋升为总监、店长等技术和管理岗位。可以在宾馆、酒店、游轮、度假村、公寓等场所内部的餐厅和咖啡厅、各类独立经营的咖啡店、企事业单位的餐厅以及一些社会保障与服务部门的餐饮服务机构（包括企事业单位、学校、医院的餐厅以及军事单位的餐饮服务机构等）从事相关工作。

1.3 培训机构设置指南

1.3.1 师资配备要求

（1）培训教师任职基本条件

1）培训五级/初级、四级/中级、三级/高级咖啡师的教师应具备本职业二级/技师职业资格证书（技能等级证书）或相关中级及以上专业技术职务任职资格。

2）培训二级/技师咖啡师的教师应具备相关专业高级专业技术职务任职资格。

（2）培训教师数量要求（以30人培训班为基准）

专业课教师：2人以上（含2人）；培训规模超过30人的，按教师与学员之比不低于1∶20配备教师。

1.3.2 培训场所设备配置要求

培训场所设备配置要求如下（以30人培训班为基准）：

（1）理论知识培训场所设备配置要求：60平方米以上标准教室，多媒体教学设备（计算机、投影仪、幕布或显示屏、网络接入设备、音响设备），黑（白）板，30套以上桌椅，符合照明、通风、安全等相关规定。

（2）操作技能培训场所设备、设施配置要求：实习工位充足，设备、设施配套齐全，符合环保、劳动保护、安全、卫生、消防、通风和照明等相关规定。

其中：咖啡师（五级/初级、四级/中级、三级/高级）培训场所应具备教师演示和学员练习两个功能，包括仓储、烘焙、演示和咖啡冲煮等功能区；咖啡师（二级/技师）培训场所可增加作品展示功能区。

实训用具设备及其他物品、材料等配置要求如下：

序号	用具设备及其他物品、材料	数量或规格说明	等级			
			五级/初级	四级/中级	三级/高级	二级/技师
1	半自动咖啡机	6台（双手柄）以上	✓	✓	✓	✓

续表

序号	用具设备及其他物品、材料	数量或规格说明	等级 五级/初级	等级 四级/中级	等级 三级/高级	等级 二级/技师
2	手冲壶	6把以上	√	√	√	√
3	法压壶	2把以上	√	√	√	√
4	摩卡壶	2把以上	√	√	√	√
5	虹吸壶	2把以上	√	√	√	√
6	土耳其壶	2把以上	√	√	√	√
7	净水器装置	8台以上	√	√	√	√
8	磨豆机	6台以上	√	√	√	√
9	开水机	1台以上	√	√	√	√
10	冷藏冰箱	1台以上	√	√	√	√
11	制冰机	1台以上	√	√	√	√
12	电子秤	6台以上	√	√	√	√
13	烘豆机	1台以上	√	√	√	√
14	咖啡杯	6套以上	√	√	√	√
15	奶油枪	2把以上	√	√	√	√
16	调酒壶	2个以上	√	√	√	√
17	压粉锤	6把以上	√	√	√	√
18	TDS测试仪	1台以上	√	√	√	√
19	毛刷	12把以上	√	√	√	√

1.3.3 教学资料配备要求

（1）培训规范：《咖啡师国家职业技能标准》《咖啡师职业基本素质培训要求》《咖啡师职业技能培训要求》《咖啡师职业基本素质培训课程规范》《咖啡师职业技能培训课程规范》《咖啡师职业基本素质培训考核规范》《咖啡师职业技能培训理论知识考核规范》《咖啡师职业技能培训操作技能考核规范》。

（2）教学资源：教材教辅、网络资源等内容必须符合"（1）培训规范"。

1.3.4 管理人员配备要求

（1）专职校长：1人，应具有大专及以上文化程度、中级及以上专业技术职务任职资格，从事职业技术教育及教学管理5年以上，熟悉职业培训的有关法律、法规。

（2）教学管理人员：1人以上，专职不少于1人；应具有大专及以上文化程度、中级及以上专业技术职务任职资格，从事职业技术教育及教学管理5年以上，具有丰富的教学管理经验。

(3) 办公室人员：1人以上，应具有大专及以上文化程度。

(4) 财务管理人员：2人，应具有大专及以上文化程度及财会人员从业资格证书。

1.3.5 管理制度要求

应建立完备的管理制度，包括办学章程与发展规划、教学管理、教师管理、学员管理、财务管理、设备管理等制度。

2 课程包

2.1 培训要求

2.1.1 职业基本素质培训要求

职业基本素质模块	培训内容	培训细目
1. 职业认知与职业道德	1-1 职业认知	(1) 咖啡师简介 (2) 咖啡师的工作内容
	1-2 职业道德基本知识	(1) 道德与职业道德的概念 (2) 职业道德的社会作用及表现形式 (3) 餐饮从业人员职业道德规范
	1-3 职业守则	咖啡师职业守则
2. 咖啡基础知识	2-1 咖啡的起源与传播	(1) 咖啡的历史 (2) 中外咖啡文化
	2-2 咖啡常识	(1) 咖啡的种植 (2) 咖啡果的采摘与加工 (3) 咖啡生豆的保管与运输 (4) 咖啡豆的焙炒 (5) 咖啡豆的包装与储存
	2-3 咖啡饮用常识	(1) 影响咖啡品质的因素 (2) 咖啡的成分 (3) 咖啡对人体的影响 (4) 咖啡的饮用礼仪
3. 食品卫生与安全知识	3-1 食品污染	(1) 食品污染的概念及类型 (2) 各类食品污染及其预防
	3-2 食物中毒及预防	(1) 食源性疾病与食物中毒 (2) 食物中毒的类型 (3) 食物中毒事故的处理原则
	3-3 咖啡原料的卫生	各类原料的卫生与安全
	3-4 咖啡制作的卫生	(1) 咖啡原料初加工卫生与安全 (2) 咖啡制作的卫生与安全
	3-5 制作卫生要求	(1) 制作卫生"五四"制 (2) 个人卫生要求 (3) 咖啡企业的环境卫生 (4) 咖啡及食品生产、储存、运输、销售过程的卫生要求

续表

职业基本素质模块	培训内容	培训细目
3. 食品卫生与安全知识	3-6 安全用电知识	(1) 工作区域安全用电知识 (2) 触电的现场救护
	3-7 防火防爆安全知识	(1) 防火安全知识 (2) 防爆安全知识
	3-8 设备、工具的安全使用与保养	(1) 设备的安全使用与保养 (2) 工具的安全使用与保养
4. 咖啡师的职业形象及素养	咖啡师的职业形象及素养	(1) 仪容仪表要求 (2) 仪态要求 (3) 服务语言及运用
5. 相关法律、法规知识	5-1 相关法律知识	(1)《中华人民共和国劳动法》相关知识 (2)《中华人民共和国食品安全法》相关知识 (3)《中华人民共和国消费者权益保障法》相关知识
	5-2 相关法规知识	(1)《食品生产许可管理办法》相关知识 (2)《中华人民共和国公共场所卫生管理条例》相关知识

2.1.2 五级/初级职业技能培训要求

职业功能模块	培训内容	技能目标	培训细目
1. 咖啡服务	1-1 接待	1-1-1 能迎送客人	(1) 仪容仪表自查 (2) 按规范的仪态进行迎宾送客服务 (3) 规范迎宾送客服务流程
		1-1-2 能为客人端送咖啡	(1) 使用托盘服务 (2) 进行咖啡饮品上桌服务 (3) 按照礼节进行咖啡端送服务
		1-1-3 能为客人提供席间服务	(1) 按照礼节进行席间服务 (2) 清理台面及用品
	1-2 销售	1-2-1 能在菜单范围内介绍咖啡	(1) 介绍咖啡饮品 (2) 介绍菜单中常见咖啡的特点
		1-2-2 能在菜单范围内销售咖啡	(1) 使用礼貌用语进行咖啡销售 (2) 对客人所点饮品和甜点的搭配提出合理化建议 (3) 向客人推销咖啡

续表

职业功能模块	培训内容	技能目标	培训细目
1．咖啡服务	1-2 销售	1-2-3 能为客人提供结账服务	(1) 按规范的要求进行结账服务 (2) 规范结账服务流程
2．咖啡制作	2-1 营业前准备	2-1-1 能对工作台面进行清洁、整理	(1) 清洁工作台面 (2) 整理工作台面
		2-1-2 能对器具、设备进行工作前准备	(1) 清洁和检查器具 (2) 清洁和检查设备
		2-1-3 能准备各种咖啡制作辅料	(1) 准备常用咖啡制作辅料 (2) 加工制作不同咖啡辅料
	2-2 咖啡选取	2-2-1 能按客人要求在菜单范围内选取咖啡	(1) 递送菜单 (2) 进行咖啡点单
		2-2-2 能判断咖啡的新鲜度	(1) 区分咖啡产地与风味 (2) 分辨咖啡新鲜度
	2-3 咖啡研磨	2-3-1 能使用咖啡研磨机研磨咖啡豆	(1) 使用手动咖啡研磨机研磨咖啡豆 (2) 使用自动咖啡研磨机研磨咖啡豆
		2-3-2 能根据不同咖啡制作方法研磨相应颗粒度的咖啡粉	(1) 调节研磨机的研磨刻度 (2) 根据不同冲煮方式研磨咖啡粉 (3) 解决研磨过程中出现的问题
	2-4 咖啡冲泡	2-4-1 能使用压力式咖啡机制作咖啡	(1) 操作压力式咖啡机 (2) 使用压力式咖啡机制作咖啡的方法 (3) 规范压力式咖啡机制作咖啡流程
		2-4-2 能使用过滤式咖啡器具冲泡咖啡	(1) 使用过滤式咖啡器具 (2) 使用过滤式咖啡器具冲泡咖啡的方法 (3) 规范过滤式冲泡咖啡流程
		2-4-3 能使用虹吸壶冲煮咖啡	(1) 使用虹吸式咖啡器具 (2) 使用虹吸壶冲煮咖啡的方法 (3) 规范虹吸壶冲煮咖啡流程
		2-4-4 能使用摩卡壶冲煮咖啡	(1) 使用摩卡壶 (2) 使用摩卡壶冲煮咖啡的方法 (3) 规范摩卡壶冲煮咖啡流程
		2-4-5 能使用法压壶冲泡咖啡	(1) 使用法压壶 (2) 使用法压壶冲泡咖啡的方法 (3) 规范法压壶冲泡咖啡流程

续表

职业功能模块	培训内容	技能目标	培训细目
2．咖啡制作	2-4 咖啡冲泡	2-4-6 能使用土耳其壶冲煮咖啡	（1）使用土耳其壶 （2）使用土耳其壶冲煮咖啡的方法 （3）规范土耳其壶冲煮咖啡流程
		2-4-7 能使用预制定量咖啡器具冲泡咖啡	（1）使用预制定量咖啡器具 （2）使用预制定量咖啡器具冲泡咖啡的方法 （3）规范预制定量咖啡器具冲泡咖啡流程
3．咖啡设备、器具的保养和结束营业	3-1 清洁	3-1-1 能对工作环境及区域进行日常清洁	（1）对工作环境进行日常清洁 （2）对工作区域进行日常清洁
		3-1-2 能对咖啡杯具进行清洗、消毒、擦拭	（1）对咖啡杯具进行清洗 （2）对咖啡杯具进行消毒 （3）对咖啡杯具进行擦拭
	3-2 设备、器具保养	3-2-1 能清洁并整理咖啡设备、器具	（1）对咖啡设备、器具进行清洁 （2）对咖啡设备、器具进行整理
		3-2-2 能维护咖啡研磨机	（1）咖啡研磨机日常清洁 （2）咖啡研磨机保养
	3-3 结束营业	能按照工作表结束营业	（1）填写结束营业工作日报表 （2）核实物品 （3）清洁及自查

2.1.3 四级／中级职业技能培训要求

职业功能模块	培训内容	技能目标	培训细目
1．咖啡服务	1-1 接待	能使用英语提供服务	（1）餐饮服务接待英语知识 （2）我国主要客源及其地区的习俗礼仪
	1-2 销售	能根据需求推荐咖啡制品	（1）咖啡制品的特点 （2）咖啡搭配食物的方法 （3）推荐咖啡的技巧
2．咖啡制作	2-1 咖啡的选取	2-1-1 能区分阿拉比卡（ARABICA）咖啡和罗布斯塔（ROBUSTA）咖啡	（1）辨识阿拉比卡（ARABICA）咖啡 （2）辨识罗布斯塔（ROBUSTA）咖啡
		2-1-2 能区分干法加工、湿法加工的咖啡	（1）辨别干法加工的咖啡 （2）辨别湿法加工的咖啡
		2-1-3 能区分中国咖啡、巴西咖啡、哥伦比亚咖啡	（1）中国咖啡的特点 （2）巴西咖啡的特点 （3）哥伦比亚咖啡的特点

续表

职业功能模块	培训内容	技能目标	培训细目
2．咖啡制作	2-2 焙炒咖啡的研磨	2-2-1 能识别并调节咖啡研磨机	(1) 识别咖啡研磨机 (2) 调节咖啡研磨机的研磨颗粒度 (3) 调整咖啡研磨机的出粉量
		2-2-2 能保养咖啡研磨机	保养咖啡研磨机
	2-3 咖啡用水选择	能使用水处理装置净化、软化水质	(1) 各种水处理装置的使用方法 (2) 水质的净化、软化
	2-4 咖啡的冲泡	2-4-1 能调节咖啡机工作参数	(1) 调节压力式咖啡机工作参数 (2) 调节过滤式咖啡机工作参数
		2-4-2 能根据咖啡的特性选择器具、设备及制作方法	(1) 虹吸壶的使用 (2) 摩卡壶的使用 (3) 预制定量咖啡器具的使用 (4) 咖啡出品质量的控制
	2-5 花式咖啡	2-5-1 能制作奶沫	(1) 使用蒸汽制作奶沫 (2) 使用搅拌方式制作奶沫 (3) 使用手动方法制作奶沫
		2-5-2 能根据咖啡谱制作卡布奇诺等8种花式咖啡	(1) 制作8种花式咖啡 (2) 使用咖啡辅料制作咖啡
3．咖啡设备、器具的保养和结束营业	3-1 设备、器具的保养	3-1-1 能划分工作区域并制订工作区域清洁流程	(1) 划分工作区域并选择清洁方法 (2) 制订工作区域清洁流程
		3-1-2 能制订设备、器具保养流程	(1) 制订设备保养流程 (2) 制订器具保养流程
	3-2 结束营业	3-2-1 能填写每日工作日志	(1) 设计工作日志表 (2) 填写工作日志表
		3-2-2 能拟定营业指标并核对营业记录	(1) 拟定营业指标 (2) 核对营业记录
		3-2-3 能进行物料盘点	(1) 确定盘点物料 (2) 对物料进行盘点

2.1.4 三级／高级职业技能培训要求

职业功能模块	培训内容	技能目标	培训细目
1．咖啡质量控制	1-1 咖啡选购	1-1-1 能制订咖啡采购方案	(1) 根据品质制订咖啡采购方案 (2) 根据价格制订咖啡采购方案 (3) 根据供应稳定性制订咖啡采购方案

续表

职业功能模块	培训内容	技能目标	培训细目
1. 咖啡质量控制	1-1 咖啡选购	1-1-2 能合理控制咖啡的库存量	(1) 设定安全库存量 (2) 根据实际情况补货或延迟订货
	1-2 咖啡出品	1-2-1 能制订常见咖啡的出品标准	(1) 将饮料单中的常见咖啡出品进行分类 (2) 制订各类咖啡出品标准
		1-2-2 能判断制作的咖啡是否符合出品标准	(1) 明确咖啡出品标准判断依据 (2) 依据出品标准判断制作的咖啡质量
	1-3 咖啡设备故障判断	1-3-1 能判断咖啡设备常见故障	(1) 咖啡设备断电故障的判断 (2) 咖啡设备断水故障的判断 (3) 咖啡设备不出咖啡故障的判断
		1-3-2 能分析咖啡设备常见故障的原因	(1) 咖啡设备断电故障的原因分析 (2) 咖啡设备断水故障的原因分析 (3) 咖啡设备不出咖啡故障的原因分析
2. 咖啡创新与经营	2-1 咖啡饮品的开发	2-1-1 能开发创意咖啡	(1) 对咖啡器具与食材进行创意搭配 (2) 对咖啡豆进行创意选择与搭配 (3) 对咖啡处理技法进行创意搭配
		2-1-2 能根据新品制订咖啡饮料单	(1) 设计咖啡饮料单版面 (2) 合理规划咖啡饮料单内容
	2-2 策划与经营	2-2-1 能收集市场需求信息	(1) 咖啡市场信息采集 (2) 客户群调研及同行竞争分析
		2-2-2 能建立客户档案	(1) 初步建立客户档案 (2) 对客户档案进行分类并选择目标市场
		2-2-3 能根据活动主题提出咖啡厅环境布置方案	(1) 明确咖啡厅市场定位 (2) 评估并选取适合的商圈与地点 (3) 设计咖啡厅环境与形象
		2-2-4 能计算咖啡饮品的成本及毛利	(1) 咖啡饮品成本核算 (2) 编制成本控制方案
3. 培训与管理	3-1 培训	3-1-1 能编写培训讲义	(1) 培训讲义编写要求 (2) 培训讲义编写方法
		3-1-2 能培训五级/初级、四级/中级咖啡师	(1) 编写五级/初级、四级/中级培训计划 (2) 撰写五级/初级、四级/中级培训教案 (3) 实施五级/初级、四级/中级培训教学

续表

职业功能模块	培训内容	技能目标	培训细目
3．培训与管理	3-1 培训	3-1-3 能进行新知识、新技术培训	(1) 编制新知识培训方案 (2) 制订新技术培训方案
	3-2 管理	3-2-1 能对工作团队进行餐饮服务培训	(1) 制订餐饮服务规范 (2) 实施餐饮服务培训
		3-2-2 能根据岗位要求制订服务流程	(1) 咖啡厅岗位设置及职责 (2) 咖啡厅岗位服务流程

2.1.5　二级/技师职业技能培训要求

职业功能模块	培训内容	技能目标	培训细目
1．咖啡烘焙与拼配	1-1 咖啡的烘焙	1-1-1 能区分咖啡生豆的品质	(1) 区分咖啡生豆的种类 (2) 挑选品质咖啡生豆
		1-1-2 能根据烘焙度的要求确定加热模式和烘焙时间	(1) 测量生豆的状态 (2) 合理选择加热模式 (3) 调节烘焙曲线
		1-1-3 能维护咖啡烘焙设备	(1) 烘豆机的拆装、清理 (2) 烘豆机的润滑
	1-2 咖啡的拼配	能选择合适的方式进行拼配	(1) 根据要求做出合格拼配 (2) 运用基本方法进行咖啡拼配
2．培训与管理	2-1 培训	能对三级/高级咖啡师进行培训	(1) 编写三级/高级培训计划 (2) 撰写三级/高级培训教案 (3) 实施三级/高级培训教学
	2-2 管理	能对工作团队的人员进行分工并带领团队实现工作目标	(1) 设计咖啡店的组织架构 (2) 配备各岗位人员 (3) 编制各岗位职责 (4) 编制各工作任务的标准操作流程
3．开店指导与经营管理	3-1 开店指导	3-1-1 能进行市场研判及分析	(1) 咖啡店市场定位分析 (2) 综合评估并确定适合的商圈与地点
		3-1-2 能制订开店方案	(1) 开店的基本常识 (2) 开店方案的制订方法
	3-2 经营管理	3-2-1 能进行店内成本核算	(1) 成本核算常识 (2) 成本控制方案的编制
		3-2-2 能制订营销方案	(1) 咖啡店经营管理常识 (2) 营销方案的编制

2.2 课程规范

2.2.1 职业基本素质培训课程规范

模块	课程	学习单元	课程内容	培训建议	课堂学时
1. 职业认知与职业道德	1-1 职业认知	职业认知	1）咖啡业认知 2）咖啡师职业认知 3）咖啡师岗位工作内容	（1）方法：讲授法 （2）重点与难点：咖啡师的工作内容	1
	1-2 职业道德基本知识	职业道德基本知识	1）道德与职业道德的概念 ①道德的概念 ②职业道德的概念 2）职业道德的社会作用及表现形式 ①职业道德的社会作用 ②职业道德的表现形式 3）咖啡师的职业道德规范	（1）方法：讲授法、案例教学法、讨论法 （2）重点与难点：咖啡师的职业道德规范	2
	1-3 职业守则	职业守则	1）忠于职守，爱岗敬业 2）讲究质量，注重信誉 3）遵纪守法，讲究公德 4）尊师爱徒，团结协作 5）积极进取，开拓创新	（1）方法：讲授法、案例教学法、讨论法 （2）重点与难点：咖啡师的职业守则	1
2. 咖啡基础知识	2-1 咖啡的起源与传播	咖啡的起源与传播	1）咖啡的历史 2）中外咖啡文化	（1）方法：讲授法、案例教学法、讨论法 （2）重点与难点：中外咖啡文化	2

续表

模块	课程	学习单元	课程内容	培训建议	课堂学时
2. 咖啡基础知识	2-2 咖啡常识	咖啡常识	1）咖啡的种植 ①咖啡树的生长条件 ②咖啡树的种类	（1）方法：讲授法、案例教学法 （2）重点与难点：咖啡豆的焙炒	4
			2）咖啡果的采摘与加工 ①咖啡果的采摘 ②咖啡果的加工		
			3）咖啡生豆的保管与运输 ①咖啡生豆的保管 ②咖啡生豆的运输		
			4）咖啡豆的焙炒		
			5）咖啡豆的包装与储存 ①咖啡豆的包装 ②咖啡豆的储存		
	2-3 咖啡饮用常识	咖啡饮用常识	1）影响咖啡品质的因素 ①品种 ②种植环境 ③处理方式	（1）方法：讲授法、案例教学法、讨论法 （2）重点与难点：影响咖啡品质的因素	2
			2）咖啡的成分		
			3）咖啡对人体的影响		
			4）咖啡的饮用礼仪		
3. 食品卫生与安全知识	3-1 食品污染	（1）食品污染的概念及类型	1）食品污染的概念	（1）方法：讲授法 （2）重点与难点：食品污染的概念及类型	1
			2）食品污染的类型 ①生物性污染 ②化学性污染 ③物理性污染		
		（2）各类食品污染及其预防	1）生物性污染及其预防 ①微生物污染及其预防 ②寄生虫污染及其预防	（1）方法：讲授法、案例教学法 （2）重点：各类食品污染及其预防 （3）难点：微生物污染及其预防	1
			2）化学性污染及其预防 ①金属毒物污染及其预防 ②残留物、禁用物污染及其预防 ③加工造成的污染及其预防		
			3）物理性污染及其预防 ①异物污染及其预防 ②放射性污染及其预防		

续表

模块	课程	学习单元	课程内容	培训建议	课堂学时
3. 食品卫生与安全知识	3-2 食物中毒及预防	（1）食源性疾病与食物中毒	1）食源性疾病 2）食物中毒的概念及特点 ①食物中毒的概念 ②食物中毒的特点	（1）方法：讲授法 （2）重点：食物中毒的概念及特点 （3）难点：食源性疾病与食物中毒	1
		（2）食物中毒的类型	1）细菌性食物中毒 2）真菌性食物中毒 3）有毒动、植物食物中毒	（1）方法：讲授法、案例教学法 （2）重点与难点：食物中毒的类型	1
		（3）食物中毒事故的处理原则	1）食物中毒的一般急救处理 2）食物中毒调查处理程序与方法	（1）方法：讲授法 （2）重点与难点：食物中毒事故的处理原则	1
	3-3 咖啡原料的卫生	咖啡原料的卫生与安全	1）咖啡豆的卫生与安全 2）牛奶、鲜奶油的卫生与安全 3）其他原料的卫生与安全	（1）方法：讲授法、案例教学法 （2）重点与难点：咖啡原料的卫生与安全	1
	3-4 咖啡制作的卫生	（1）咖啡原料初加工卫生与安全	1）咖啡原料初加工的一般卫生要求 2）常用原料的初加工卫生与安全	（1）方法：讲授法 （2）重点与难点：初加工可能出现的卫生与安全问题及预防措施	2
		（2）咖啡制作的卫生与安全	1）冷咖啡制作的卫生与安全 2）热咖啡制作的卫生与安全	（1）方法：讲授法 （2）重点与难点：咖啡制作可能出现的卫生与安全问题及预防措施	2
	3-5 制作卫生要求	（1）制作卫生"五四"制	1）咖啡生产环节的卫生"五四"制 2）咖啡制作环节的卫生"五四"制 3）咖啡销售环节的卫生"五四"制	（1）方法：讲授法 （2）重点与难点：咖啡制作环节的卫生"五四"制	1

续表

模块	课程	学习单元	课程内容	培训建议	课堂学时
3. 食品卫生与安全知识	3-5 制作卫生要求	(2) 个人卫生要求	1) 仪容仪表要求 2) 个人卫生习惯 3) 健康检查要求	(1) 方法：讲授法、实训（练习）法 (2) 重点与难点：个人卫生习惯	1
		(3) 咖啡企业的环境卫生	1) 操作台卫生 2) 工作区域卫生 3) 营业区域卫生	(1) 方法：讲授法 (2) 重点与难点：工作区域卫生	1
		(4) 咖啡及食品生产、储存、运输、销售过程的卫生要求	1) 咖啡及食品生产的卫生要求 2) 咖啡及食品储存的卫生要求 3) 咖啡及食品运输的卫生要求 4) 咖啡及食品销售过程的卫生要求	(1) 方法：讲授法、案例教学法 (2) 重点与难点：各环节的卫生要求	1
	3-6 安全用电知识	(1) 工作区域安全用电知识	1) 工作区域安全用电的概念 2) 工作区域安全用电的意义 3) 工作区域安全用电的制度	(1) 方法：讲授法、案例教学法 (2) 重点与难点：工作区域安全用电知识	1
		(2) 触电的现场救护	1) 触电的简单诊断 2) 触电的处理方法	(1) 方法：讲授法、案例教学法 (2) 重点与难点：触电的处理方法	1
	3-7 防火防爆安全知识	(1) 防火安全知识	1) 由燃料引起的火灾预防及灭火措施 2) 由电器引起的火灾预防及灭火措施	(1) 方法：讲授法、案例教学法 (2) 重点与难点：火灾预防	1
		(2) 防爆安全知识	1) 燃气爆炸的预防 2) 微波炉爆炸的预防 3) 摩卡壶爆炸的预防	(1) 方法：讲授法、案例教学法 (2) 重点与难点：燃气爆炸的预防	1

续表

模块	课程	学习单元	课程内容	培训建议	课堂学时
3. 食品卫生与安全知识	3-8 设备、工具的安全使用与保养	(1) 设备的安全使用与保养	1) 工作区域加工设备的安全使用与保养 ①咖啡机的安全使用与保养 ②榨汁机的安全使用与保养 ③磨豆机的安全使用与保养 2) 工作区域加热设备的安全使用与保养 ①平板炉的安全使用与保养 ②微波炉的安全使用与保养 ③电磁炉的安全使用与保养 3) 工作区域其他设备的安全使用与保养 ①电热开水器的安全使用与保养 ②制冰机的安全使用与保养	(1) 方法：讲授法、案例教学法 (2) 重点：工作区域加工设备的安全使用与保养 (3) 难点：工作区域加热设备的安全使用与保养	1
		(2) 工具的安全使用与保养	1) 刀具的安全使用与保养 2) 砧板的安全使用与保养 3) 调酒壶的安全使用与保养	(1) 方法：讲授法、案例教学法 (2) 重点与难点：刀具、砧板的安全使用与保养	1
4. 咖啡师的职业形象及素养	咖啡师的职业形象及素养	(1) 仪容仪表要求	1) 礼仪基础知识 2) 服饰要求 3) 配饰要求 4) 面部修饰要求 5) 手部修饰要求 6) 发型、头饰要求	(1) 方法：讲授法、案例教学法、演示法、实训（练习）法 (2) 重点与难点：配饰要求	2

续表

模块	课程	学习单元	课程内容	培训建议	课堂学时
4．咖啡师的职业形象及素养	咖啡师的职业形象及素养	（2）仪态要求	1）站姿要求 2）坐姿要求 3）步态要求 4）手势要求 5）表情要求	（1）方法：讲授法、案例教学法、演示法、实训（练习）法 （2）重点：站姿要求 （3）难点：表情要求	3
		（3）服务语言及运用	1）普通话基本知识 2）迎宾敬语基本知识 ①称呼礼节 ②问候礼节 ③应答礼节	（1）方法：讲授法、观摩法 （2）重点与难点：服务语言及运用	1
5．相关法律、法规知识	5-1 相关法律知识	相关法律知识	1）《中华人民共和国劳动法》相关知识 2）《中华人民共和国食品安全法》相关知识 3）《中华人民共和国环境保护法》相关知识	（1）方法：讲授法、案例教学法 （2）重点与难点：《中华人民共和国劳动法》相关知识	2
	5-2 相关法规知识	相关法规知识	1）《食品生产许可管理办法》相关知识 2）《中华人民共和国公共场所卫生管理条例》相关知识	（1）方法：讲授法、案例教学法 （2）重点与难点：《食品生产许可管理办法》相关知识	2
课堂学时合计					42

2.2.2　五级／初级职业技能培训课程规范

模块	课程	学习单元	课程内容	培训建议	课堂学时
1．咖啡服务	1-1 接待	（1）迎宾送客服务	1）仪容仪表规范 2）迎宾送客服务流程 3）服务规范	（1）方法：讲授法、演示法、角色扮演法 （2）重点：迎宾送客服务 （3）难点：服务规范	1

续表

模块	课程	学习单元	课程内容	培训建议	课堂学时
1. 咖啡服务	1-1 接待	(2) 端送咖啡服务	1) 托盘的使用技巧 2) 咖啡饮品上桌的操作要求 3) 端送咖啡礼节知识	(1) 方法：讲授法、演示法、实训（练习）法 (2) 重点：咖啡饮品上桌的操作要求 (3) 难点：托盘的使用技巧	2
		(3) 咖啡厅席间服务	1) 咖啡服务知识 2) 席间服务要求规范 3) 使用过的台面及用品的清理方法	(1) 方法：讲授法、演示法、实训（练习）法 (2) 重点与难点：席间服务要求规范	2
	1-2 销售	(1) 介绍咖啡饮品	1) 咖啡饮品知识 2) 菜单中常见咖啡的特点	(1) 方法：讲授法、演示法、实训（练习）法 (2) 重点与难点：菜单中常见咖啡的特点	2
		(2) 推销咖啡饮品	1) 礼貌用语的使用 2) 咖啡搭配甜点的推荐 3) 推销咖啡的技巧	(1) 方法：讲授法、讨论法、案例分析法 (2) 重点与难点：推销咖啡的技巧	2
		(3) 咖啡厅结账服务	1) 结账服务的要求 2) 结账服务的规范流程 3) 收银服务的操作方法	(1) 方法：讲授法、演示法、实训（练习）法 (2) 重点与难点：结账服务的规范流程	2
2. 咖啡制作	2-1 营业前准备	(1) 工作台面清洁及整理	1) 工作台面的清洁要求 2) 工作台面的清洁方法 3) 工作台面的整理方法	(1) 方法：讲授法、演示法、实训（练习）法 (2) 重点与难点：工作台面的清洁及整理	2

续表

模块	课程	学习单元	课程内容	培训建议	课堂学时
2.咖啡制作	2-1 营业前准备	（2）各种器具、设备的清洁及摆放	1）各种器具、设备的清洁方法	（1）方法：讲授法、演示法、实训（练习）法 （2）重点与难点：各种器具、设备的清洁及摆放	2
			2）各种器具、设备的摆放要求		
		（3）咖啡辅料准备	1）咖啡伴侣的基本知识及使用注意事项	（1）方法：讲授法、演示法、实训（练习）法 （2）重点与难点：咖啡伴侣、牛奶和奶油类咖啡辅料的成分及使用注意事项	2
			2）牛奶、奶油类咖啡辅料的基本知识及使用注意事项		
	2-2 咖啡选取	（1）咖啡厅点单服务	1）点单服务要求	（1）方法：讲授法、演示法、情景表演法 （2）重点：点单服务要求 （3）难点：点单服务标准	2
			2）点单服务标准		
			3）点单服务方法 ①程序点单法 ②推荐点单法		
		（2）咖啡保鲜知识	1）咖啡的产地常识	（1）方法：讲授法、演示法、讨论法 （2）重点：咖啡的产地常识 （3）难点：咖啡新鲜度的辨识	2
			2）咖啡新鲜度的辨识		
	2-3 咖啡研磨	（1）咖啡研磨机的使用	1）咖啡研磨机的分类及研磨原理	（1）方法：讲授法、演示法、实训（练习）法 （2）重点与难点：自动咖啡研磨机的构造及使用	5
			2）手动咖啡研磨机的构造及使用		
			3）自动咖啡研磨机的构造及使用		
		（2）咖啡豆的研磨	1）咖啡粉末研磨度的粗细等级	（1）方法：讲授法、演示法、实训（练习）法 （2）重点与难点：各种咖啡制作器具对咖啡粉颗粒度的要求	6
			2）各种咖啡制作器具对咖啡粉颗粒度的要求		
			3）研磨时的注意事项		

续表

模块	课程	学习单元	课程内容	培训建议	课堂学时
2. 咖啡制作	2-4 咖啡冲泡	（1）使用压力式咖啡机制作咖啡	1）压力式咖啡机的制作原理 2）压力式咖啡机的器具用品及原料 3）咖啡制作流程及特点（合格咖啡的判断标准）	（1）方法：讲授法、演示法、实训（练习）法 （2）重点：咖啡制作流程 （3）难点：咖啡制作特点（合格咖啡的判断标准）	8
		（2）使用过滤式咖啡器具冲泡咖啡	1）过滤式咖啡器具冲泡咖啡的原理 2）过滤式咖啡器具冲泡咖啡的器具用品及原料 3）过滤式咖啡器具冲泡咖啡的过程	（1）方法：讲授法、演示法、实训（练习）法 （2）重点与难点：过滤式咖啡器具冲泡咖啡的过程	8
		（3）使用虹吸壶冲煮咖啡	1）虹吸壶冲煮咖啡的原理 2）虹吸壶冲煮咖啡的器具用品及原料 3）虹吸壶冲煮咖啡的过程	（1）方法：讲授法、演示法、实训（练习）法 （2）重点与难点：虹吸壶冲煮咖啡的过程	6
		（4）使用摩卡壶冲煮咖啡	1）摩卡壶冲煮咖啡的原理 2）摩卡壶冲煮咖啡的器具用品及原料 3）摩卡壶冲煮咖啡的过程	（1）方法：讲授法、演示法、实训（练习）法 （2）重点与难点：摩卡壶冲煮咖啡的过程	6
		（5）使用法压壶冲泡咖啡	1）法压壶冲泡咖啡的原理 2）法压壶冲泡咖啡的器具用品及原料 3）法压壶冲泡咖啡的过程	（1）方法：讲授法、演示法、实训（练习）法 （2）重点与难点：法压壶冲泡咖啡的过程	6
		（6）使用土耳其壶冲煮咖啡	1）土耳其壶冲煮咖啡的原理 2）土耳其壶冲煮咖啡的器具用品及原料 3）土耳其壶冲煮咖啡的过程	（1）方法：讲授法、演示法、实训（练习）法 （2）重点与难点：土耳其壶冲煮咖啡的过程	6

续表

模块	课程	学习单元	课程内容	培训建议	课堂学时
2. 咖啡制作	2-4 咖啡冲泡	（7）使用预制定量咖啡器具冲泡咖啡	1）预制定量咖啡器具冲泡咖啡的原理 2）预制定量咖啡器具冲泡咖啡的器具用品及原料 3）预制定量咖啡器具冲泡咖啡的过程	（1）方法：讲授法、演示法、实训（练习）法 （2）重点与难点：预制定量咖啡器具冲泡咖啡的过程	6
3. 咖啡设备、器具的保养和结束营业	3-1 清洁	（1）工作区域的日常清洁	1）咖啡厅、吧台的环境卫生 2）工作区域的清洁要求 ①无尘 ②无杂物 ③无水迹	（1）方法：讲授法、演示法、实训（练习）法 （2）重点与难点：工作区域的清洁要求	2
		（2）咖啡杯具的清洗及消毒	1）咖啡杯具的清洗工作 2）咖啡杯具的消毒措施 3）咖啡杯具的擦拭及损坏处理	（1）方法：讲授法、演示法、实训（练习）法 （2）重点与难点：咖啡杯具的清洗及消毒	2
	3-2 设备、器具保养	（1）咖啡设备、器具的维护	1）设备、器具清洁要求 ①表面平整、光亮 ②无异味、无抹痕 2）摆放整齐有序	（1）方法：讲授法、演示法、实训（练习）法 （2）重点与难点：设备、器具清洁要求	2
		（2）咖啡研磨机的维护	1）咖啡研磨机保养清洁工具 2）咖啡研磨机日常清洁与保养流程	（1）方法：讲授法、演示法、实训（练习）法 （2）重点与难点：咖啡研磨机日常清洁与保养流程	2
	3-3 结束营业	结束营业工作	1）结束营业工作日志 2）清点每日所存物品及销售情况 3）清洁和检查店内器具设备	（1）方法：讲授法、演示法、实训（练习）法 （2）重点与难点：结束营业工作日志	4
课堂学时合计					90

2.2.3 四级/中级职业技能培训课程规范

模块	课程	学习单元	课程内容	培训建议	课堂学时
1. 咖啡服务	1-1 接待	餐饮服务英语知识	1）咖啡接待服务用语 2）问候服务对话 3）问候要求 4）席间服务用语 5）结账服务用语	（1）方法：讲授法、讨论法 （2）重点与难点：餐饮服务英语知识	4
	1-2 销售	咖啡制品的推荐	1）咖啡饮品特点 ①经典咖啡特点 ②花式咖啡特点 2）咖啡饮用与风味 ①饮用方式 ②风味特点 3）咖啡与健康 ①咖啡因 ②咖啡对身体健康的影响 4）咖啡与食物的搭配 ①搭配的原则 ②搭配的方法 5）咖啡推荐技巧 ①推荐原则 ②推荐方法	（1）方法：讲授法、演示法、角色扮演法、情景表演法 （2）重点与难点：咖啡饮品特点、咖啡的饮用、咖啡与食物的搭配	6
2. 咖啡制作	2-1 咖啡的选取	（1）咖啡豆品种	1）阿拉比卡种 ①阿拉比卡种的植物学特征 ②阿拉比卡种的风味特征 2）罗布斯塔种 ①罗布斯塔种的植物学特征 ②罗布斯塔种的风味特征	（1）方法：讲授法 （2）重点与难点：主要咖啡豆品种	2
		（2）咖啡生豆精制处理	1）日晒处理 ①处理方法 ②感官特征 2）水洗处理 ①处理方法 ②感官特征 3）半日晒处理 ①处理方法 ②感官特征	（1）方法：讲授法、演示法 （2）重点与难点：咖啡生豆精制处理	6

续表

模块	课程	学习单元	课程内容	培训建议	课堂学时
2. 咖啡制作	2-1 咖啡的选取	(3) 咖啡树种植区域	1) 世界咖啡产区 ①咖啡种植带 ②产区和产量 2) 中国产区 ①主产区 ②各产区特征 3) 巴西产区 ①主产区 ②各产区特征 4) 哥伦比亚产区 ①主产区 ②各产区特征	(1) 方法：讲授法 (2) 重点与难点：中国、巴西、哥伦比亚等咖啡产区的主产区及各产区特征	4
	2-2 焙炒咖啡的研磨	(1) 咖啡研磨机的类型及使用	1) 咖啡研磨机的类型 ①分类 ②构造 2) 咖啡研磨机的使用 ①调整方法 ②影响研磨度调整的因素 3) 咖啡研磨机的出粉量调整 ①粉仓 ②分量器的调整方法	(1) 方法：讲授法、演示法、实训（练习）法 (2) 重点与难点：咖啡研磨机的出粉量调整	4
		(2) 研磨机维护与保养	1) 日常保养规范 2) 维护与保养方法	(1) 方法：讲授法、演示法、实训（练习）法 (2) 重点与难点：日常保养规范	2
	2-3 咖啡用水选择	使用水处理装置净化、软化水质	1) 水质 ①处理水与外购瓶装水 ②水质的软硬度 ③水中各种物质对咖啡口感的影响 2) 水处理装置 ①水处理装置（软水器、净水器以及纯水机）的使用方法 ②水处理装置的保养	(1) 方法：讲授法、演示法、实训（练习）法 (2) 重点与难点：水处理装置的使用方法与保养	4

续表

模块	课程	学习单元	课程内容	培训建议	课堂学时
2. 咖啡制作	2-4 咖啡的冲泡	（1）半自动压力式咖啡机	1）半自动压力式咖啡机的组成 ①锅炉系统 ②开关系统 ③蒸汽系统 ④冲泡组系统 ⑤进出水系统 2）半自动压力式咖啡机的使用 ①启动与待机 ②萃取原理	（1）方法：讲授法、演示法、实训（练习）法 （2）重点与难点：半自动压力式咖啡机的萃取原理	4
		（2）过滤式咖啡机	1）过滤式咖啡机的组成 ①锅炉系统 ②开关系统 ③冲泡系统 ④进出水系统 2）过滤式咖啡机的使用	（1）方法：讲授法、演示法、实训（练习）法 （2）重点与难点：过滤式咖啡机的使用	4
		（3）根据咖啡的特性选择器具、设备及制作方法	1）虹吸壶 ①虹吸壶各部位的名称 ②虹吸壶的萃取原理 ③热源的选择 ④卤素灯加热虹吸壶萃取咖啡的方法 2）摩卡壶 ①摩卡壶各部位的名称 ②摩卡壶的萃取原理 ③摩卡壶萃取咖啡的方法 3）预制定量咖啡器具 ①预制定量咖啡器具的工作原理 ②预制定量咖啡器具的使用方法 4）咖啡出品的品质 ①口腔味觉，鉴赏咖啡的四种液化滋味 ②鼻腔双向嗅觉，鉴赏香气 ③口感，顺滑感与涩感 ④鉴赏咖啡的整体风味 5）咖啡出品质量	（1）方法：讲授法、演示法、实训（练习）法 （2）重点与难点：根据咖啡的特性选择器具、设备及制作方法	6

续表

模块	课程	学习单元	课程内容	培训建议	课堂学时
2.咖啡制作	2-5 花式咖啡	(1) 奶沫制作和奶油打发	1) 奶沫制作 ①牛奶的卫生要求 ②奶沫的质量要求 ③奶沫打发的温度要求 ④奶沫打发的步骤 ⑤开封后的牛奶储存要求 2) 奶油打发 ①奶油温度对奶油打发的影响 ②奶油质量对奶油打发的影响 ③糖浆对奶油打发的影响 ④打发时间对奶油打发的影响 ⑤已打发奶油的储存方法 ⑥已打发奶油的使用时间 ⑦制作风味奶盖的方法	(1) 方法：讲授法、演示法、实训（练习）法 (2) 重点与难点：奶沫制作、奶油打发	4
		(2) 花式咖啡制作	1) 卡布奇诺咖啡制作 ①卡布奇诺咖啡制作单 ②相关辅料的使用要求 2) 拿铁咖啡制作 ①拿铁咖啡制作单 ②相关辅料的使用要求 3) 冰拿铁咖啡制作 ①冰拿铁咖啡制作单 ②相关辅料的使用要求 4) 焦糖玛奇朵咖啡制作 ①焦糖玛奇朵咖啡制作单 ②相关辅料的使用要求 5) 摩卡咖啡制作 ①摩卡咖啡制作单 ②相关辅料的使用要求 6) 康宝兰咖啡制作 ①康宝兰咖啡制作单 ②相关辅料的使用要求 7) 维也纳咖啡制作 ①维也纳咖啡制作单 ②相关辅料的使用要求 8) 冰美式咖啡制作 ①冰美式咖啡制作单 ②相关辅料的使用要求	(1) 方法：讲授法、演示法、实训（练习）法 (2) 重点与难点：花式咖啡制作	20

续表

模块	课程	学习单元	课程内容	培训建议	课堂学时
3. 咖啡设备、器具的保养和结束营业	3-1 设备、器具的保养	（1）工作区域卫生安全规范	1）工作区域卫生安全规范制订的原则 2）工作区域卫生安全规范制订的方法	（1）方法：讲授法、演示法、实训（练习）法 （2）重点与难点：工作区域卫生安全规范	1
		（2）设备、器具安全使用规范	1）设备、器具的安全使用 ①设备、器具的清洁 ②设备、器具的维护保养 2）半自动压力式咖啡机的安全使用 ①半自动压力式咖啡机的清洁 ②半自动压力式咖啡机的维护保养流程 3）意式磨豆机的安全使用 ①意式磨豆机的清洁 ②意式磨豆机的维护保养流程	（1）方法：讲授法、演示法、实训（练习）法 （2）重点与难点：主要设备、器具的安全使用与清洁维护	3
	3-2 结束营业	（1）工作日志	1）工作日志的功能 2）工作日志的作用 3）工作日志的填写规范	（1）方法：讲授法、案例法 （2）重点与难点：工作日志的填写规范	1
		（2）营业记录报表	1）营业记录报表的作用 2）营业记录报表的核对规范	（1）方法：讲授法、案例法 （2）重点与难点：营业记录报表的核对规范	1
		（3）营业盘点	1）营业盘点的作用与意义 2）营业盘点的规范	（1）方法：讲授法、案例法 （2）重点与难点：营业盘点的规范	2
课堂学时合计					78

2.2.4 三级/高级职业技能培训课程规范

模块	课程	学习单元	课程内容	培训建议	课堂学时
1. 咖啡质量控制	1-1 咖啡选购	(1) 咖啡采购	1) 咖啡采购的品质控制 2) 咖啡采购的价格控制 ①价格控制的原则 ②价格控制的途径 3) 咖啡供应稳定性控制	(1) 方法：讲授法、案例教学法、讨论法 (2) 重点与难点：咖啡采购的价格控制	4
		(2) 合理控制咖啡库存量	1) 咖啡库存管理基本制度 2) 咖啡库存数量控制 3) 咖啡合理库存量控制方法 ①依据往年统计数据 ②依据经营状况	(1) 方法：讲授法、讨论法 (2) 重点与难点：咖啡合理库存量控制方法	4
	1-2 咖啡出品	(1) 常见咖啡的出品标准	1) 饮料单中常见咖啡种类 2) 各类常见咖啡的出品标准 ①手冲咖啡（hand-drip）出品标准 ②美式咖啡（Americano）出品标准 ③意式特浓（Espresso）出品标准 ④玛奇朵（Macchiato）出品标准 ⑤卡布奇诺（Cappuccino）出品标准 ⑥拿铁咖啡（Cafe Latte）出品标准	(1) 方法：讲授法、实训（练习）法 (2) 重点与难点：各类常见咖啡的出品标准	8
		(2) 判断咖啡出品标准	1) 咖啡出品标准判断依据 ①奶泡面密度 ②牛奶比例 ③味觉效果 2) 制作咖啡与出品标准对照表	(1) 方法：讲授法、讨论法、案例教学法 (2) 重点与难点：咖啡出品标准判断依据	4

续表

模块	课程	学习单元	课程内容	培训建议	课堂学时
1. 咖啡质量控制	1-3 咖啡设备故障判断	咖啡设备常见故障	1) 咖啡设备断电故障原因及解决方法 2) 咖啡设备断水故障原因及解决方法 3) 咖啡设备不出咖啡故障原因及解决方法 4) 咖啡设备其他故障原因及解决方法	(1) 方法：案例教学法、讨论法 (2) 重点与难点：咖啡设备常见故障	8
2. 咖啡创新与经营	2-1 咖啡饮品的开发	(1) 创意咖啡开发	1) 创意咖啡开发的原则 2) 创意咖啡常用器具与食材的搭配 3) 咖啡豆的选择与创意搭配 4) 咖啡调制技法的创意搭配	(1) 方法：讲授法、项目教学法、实训（练习）法 (2) 重点与难点：咖啡调制技法的创意搭配	4
		(2) 新品咖啡饮料单设计	1) 咖啡饮料单版面设计方法 2) 咖啡饮料单内容组成与搭配	(1) 方法：讲授法、实训（练习）法 (2) 重点与难点：新品咖啡饮料单设计	4
	2-2 策划与经营	(1) 收集市场需求信息	1) 信息采集方法与步骤 2) 客户群调研问卷设计 3) 同行竞争分析与评价	(1) 方法：讲授法、讨论法 (2) 重点：信息采集方法与步骤 (3) 难点：同行竞争分析与评价	2
		(2) 建立客户档案	1) 客户档案建立的基本方法 2) 客户档案的分类 3) 目标市场的选择	(1) 方法：讲授法、讨论法 (2) 重点与难点：客户档案建立的基本方法	2
		(3) 咖啡厅环境布置	1) 咖啡厅市场定位 2) 商圈与地点评估 3) 咖啡厅环境布置及形象设计理念与程序	(1) 方法：项目教学法、讲授法 (2) 重点与难点：咖啡厅环境布置	2

续表

模块	课程	学习单元	课程内容	培训建议	课堂学时
2. 咖啡创新与经营	2-2 策划与经营	(4) 咖啡饮品成本及毛利的计算	1) 咖啡饮品成本核算方法 ①品种法 ②分批法 ③分步法 ④分类法 ⑤ABC成本法 2) 咖啡饮品成本控制方案 ①原料性价比 ②制作效率	(1) 方法：讲授法、讨论法 (2) 重点与难点：咖啡饮品成本核算方法	4
3. 培训与管理	3-1 培训	(1) 培训讲义编写	1) 培训讲义编写要求 2) 培训讲义编写步骤	(1) 方法：讲授法、案例教学法 (2) 重点与难点：培训讲义编写要求	4
		(2) 五级/初级、四级/中级咖啡师培训	1) 培训计划编写程序 ①明晰培训要求 ②确定培训内容 ③选择培训方式 ④配备培训资料与培训设施 ⑤落实培训课时与作息时间 2) 培训教案内容 3) 培训教学步骤与方法	(1) 方法：讲授法、案例教学法 (2) 重点与难点：培训教学步骤与方法	4
		(3) 新知识、新技术培训	1) 新知识培训方案 2) 新技术培训方案	(1) 方法：讲授法、案例教学法 (2) 重点与难点：新技术培训方案	2
	3-2 管理	(1) 工作团队餐饮服务培训	1) 餐饮服务规范 2) 餐饮服务实操程序	(1) 方法：讲授法、讨论法 (2) 重点：餐饮服务规范 (3) 难点：餐饮服务实操程序	2
		(2) 根据岗位要求制订服务流程	1) 咖啡厅岗位设置及职责 2) 咖啡厅各岗位服务流程 ①咖啡厅迎宾服务流程 ②咖啡厅接待服务流程 ③咖啡厅席间服务流程 ④咖啡厅送客服务流程	(1) 方法：实训（练习）法、演示法 (2) 重点与难点：咖啡厅席间服务流程	2
课堂学时合计					60

2.2.5 二级/技师职业技能培训课程规范

模块	课程	学习单元	课程内容	培训建议	课堂学时
1. 咖啡烘焙与拼配	1-1 咖啡的烘焙	（1）咖啡的品种	1）最具代表性的咖啡品种 ①阿拉比卡咖啡特性分析 ②罗布斯塔咖啡特性分析 ③利比里卡咖啡特性分析	（1）方法：讲授法、讨论法 （2）重点与难点：阿拉比卡咖啡与罗布斯塔咖啡的特征对比	2
			2）阿拉比卡咖啡与罗布斯塔咖啡的特征对比 ①原产地 ②栽培高度 ③耐病虫性 ④咖啡因含量 ⑤有机酸、油脂含量 ⑥含糖量 ⑦香气 ⑧风味		
		（2）挑选品质咖啡生豆的标准	1）以瑕疵豆的数量分等级 ①巴西公认咖啡豆等级评定标准 ②纽约交易所咖啡等级标准 ③印度尼西亚咖啡等级标准	（1）方法：讲授法、实训（练习）法 （2）重点与难点：挑选品质咖啡生豆的标准	2
			2）以生豆大小分等级 ①按照筛网分类的咖啡等级 ②以生豆大小分等级的标准		
			3）以海拔高度（农场位置）分等级		
			4）杯测 ①杯测的定义及意义 ②杯测所需物品 ③杯测操作流程及注意事项		

续表

模块	课程	学习单元	课程内容	培训建议	课堂学时
1. 咖啡烘焙与拼配	1-1 咖啡的烘焙	(3) 烘豆原理	1) 生豆内部结构 ①结构水与自由水 ②蔗糖 ③水蒸气的重要性 2) 生豆与烘豆机的关系 3) 生豆内含物质在不同温度区间的变化 ①生豆内含物质 ②糖浆与温度的关系	(1) 方法：讲授法、讨论法 (2) 重点与难点：烘豆原理	2
		(4) 烘焙曲线	1) 烘焙曲线的基本架构 ①最佳反应比例温度的补偿概念 ②进豆温与回温点 ③烘焙曲线的建立与参数来源 2) 烘焙曲线设定的关键 ①最佳反应比例进豆温的设定 ②"梅纳反应"的起始点 ③"梅纳反应"的完整度 ④咖啡豆烘焙结束的判断	(1) 方法：讲授法、实训（练习）法 (2) 重点与难点：烘焙曲线设定的关键	4
		(5) 咖啡豆烘焙的实际操作	1) 烘豆机的主要结构与基本操作 ①烘豆机的主要结构 ②烘豆机的基本操作 2) 不同烘焙度要求的烘豆操作流程	(1) 方法：讨论法、演示法 (2) 重点与难点：不同烘焙度要求的烘豆操作流程	8
		(6) 咖啡烘焙设备的操作要求	1) 咖啡烘焙机的类型 2) 咖啡烘豆机的差异与对应调整	(1) 方法：演示法 (2) 重点与难点：咖啡烘豆机的差异与对应调整	2
		(7) 咖啡烘焙设备的维护技巧	1) 咖啡烘焙设备拆装清理技巧 2) 咖啡烘焙设备上润滑油技巧	(1) 方法：讲授法、演示法 (2) 重点与难点：咖啡烘焙设备的维护技巧	2

续表

模块	课程	学习单元	课程内容	培训建议	课堂学时
1. 咖啡烘焙与拼配	1-2 咖啡的拼配	(1) 代表性拼配方式的特点	1) 拼配的定义 2) 生拼的特点 3) 熟拼的特点	(1) 方法：讲授法 (2) 重点与难点：生拼与熟拼的特点	2
		(2) 咖啡拼配的基本方法	1) 咖啡拼配的基本原则 2) 咖啡拼配测试 3) 咖啡拼配实操	(1) 方法：讲授法、演示法 (2) 重点与难点：咖啡拼配的基本方法	6
2. 培训与管理	2-1 培训	(1) 培训计划的编写	1) 培训计划的内容 2) 培训计划的编写程序 ①分析培训任务 ②确定培训目的 ③确定培训内容 ④选择培训方法 ⑤确定培训资料与培训设施 ⑥制订课时计划 3) 培训计划的编写演练	(1) 方法：讲授法、案例教学法 (2) 重点与难点：培训计划的编写	4
		(2) 培训教案的编写	1) 培训教案的编写程序 2) 培训教案的编写要求 3) 培训教案的编写演练	(1) 方法：讲授法、案例教学法 (2) 重点与难点：培训教案的编写	4
		(3) 培训教学的实施	1) 课堂教学的基本过程及其要求 2) 课堂教学过程组织	(1) 方法：讲授法、案例教学法 (2) 重点与难点：课堂教学过程组织	4
	2-2 管理	(1) 人员管理	1) 咖啡店组织架构的设置 2) 咖啡店各岗位人员的调配	(1) 方法：讲授法、案例教学法 (2) 重点与难点：咖啡店组织架构的设置与各岗位人员的调配	2
		(2) 组织管理	1) 各岗位职责描述 2) 各岗位的工作要求	(1) 方法：讲授法、案例教学法 (2) 重点与难点：各岗位职责描述及工作要求	2

续表

模块	课程	学习单元	课程内容	培训建议	课堂学时
3. 开店指导与经营管理	3-1 开店指导	(1) 咖啡店选址	1) 咖啡店市场定位的细分 2) 适合商圈与地点的综合评估标准 3) 客户群调研及同行竞争分析	(1) 方法：讲授法、案例教学法 (2) 重点与难点：适合商圈与地点的综合评估标准	2
		(2) 开店基本常识	1) 投资与经营方式的选择 2) 办理经营许可证的程序 3) 组建经营团队与员工招聘	(1) 方法：讲授法、案例教学法 (2) 重点与难点：投资与经营方式的选择	2
		(3) 开店基本内容及方案制订	1) 开店基本内容 ①咖啡店装修设计 ②咖啡店设备配置 ③产品定价及原料供应商选择 ④店员招聘及培训 2) 开店方案的制订 ①开店流程的设计 ②开店方案的确定	(1) 方法：案例教学法、实训（练习）法 (2) 重点与难点：开店方案的制订	2
	3-2 经营管理	(1) 成本核算及控制	1) 成本核算 ①成本核算的常识 ②成本核算报表的编制与填写 2) 成本控制 ①成本控制的方法 ②成本控制方案的制订	(1) 方法：案例教学法、实训（练习）法 (2) 重点与难点：成本控制方案的制订	2
		(2) 运营策划	1) 咖啡店经营管理常识 2) 经典运营案例分析 3) 营销方案的编制 ①营销方案的内容 ②营销方案的编制程序 ③营销方案的编制演练	(1) 方法：案例教学法、实训（练习）法 (2) 重点与难点：营销方案的编制	6
课堂学时合计					60

2.2.6 培训建议中的培训方法说明

1．讲授法

讲授法指教师主要运用语言讲述，系统地向学员传授知识，传播思想理念。即教师通过叙述、描绘、解释、推论来传递信息、传授知识、阐明概念、论证定律和公式，引导学员获取知识、分析和认识问题。

2．讨论法

讨论法指在教师的指导下，学员以班级或小组为单位，围绕学习单元的内容，对某一专题进行深入探讨，通过讨论或辩论活动，从而获得知识或巩固知识的一种教学方法，要求教师在讨论结束时对讨论的主题做归纳性总结。

3．实训（练习）法

实训（练习）法指学员在教师的指导下巩固知识、运用知识、形成技能技巧的方法。通过实际操作的练习，旨在形成操作技能。

4．演示法

演示法指在教学过程中，教师通过示范操作和讲解使学员获得知识、技能的教学方法。教学中，教师对操作内容进行现场演示，边操作边讲解，强调操作的关键步骤和注意事项，使学员边学边做，理论与技能并重，师生互动，提高学员的学习兴趣和学习效率。

5．案例教学法

案例教学法指通过对案例进行分析，提出问题，分析问题，并找到解决问题的途径和手段，培养学员分析问题、处理问题的能力。

6．项目教学法

项目教学法指以实际应用为目的，将理论知识与实际工作相结合，通过师生共同完成一个完整的项目工作，使学员获得知识和实践操作能力与解决实际问题能力的教学方法。其实施以小组为学习单位，一般分为确定项目任务、计划、决策、实施、检查和评价6个步骤。强调学员在学习过程中的主体地位，以学员为中心，以学员学习为主、教师指导为辅，通过完成教学项目，激发学员的学习积极性，使学员既获得相关理论知识，又掌握实践技能和工作方法，提高学员解决实际问题的综合能力。

7．角色扮演法

角色扮演法指学员通过不同角色的扮演，体验自身角色的内涵活动和对方角色的心理,充分展现各种角色的"为"和"位"。

8. 情景表演法

情景表演法指教师在实施培训前事先准备和布置培训现场,并设定情景表演的情景、对话内容及评估标准,通过学员现场的情景表演活动以及教师对活动效果的及时评估,从而达到培训的预期效果。

9. 观摩法

观摩法指让学员通过现场观摩、观看视频等形式,学习、获取知识和技能的一种教学方法。

2.3 考 核 规 范

2.3.1 职业基本素质培训考核规范

考核范围	考核比重(%)	考核内容	考核比重(%)	考核单元
1. 职业认知与职业道德	25	1-1 职业认知	5	职业认知
		1-2 职业道德基本知识	10	职业道德基本知识
		1-3 职业守则	10	职业守则
2. 咖啡基础知识	20	2-1 咖啡的起源与传播	5	咖啡的起源与传播
		2-2 咖啡常识	8	咖啡常识
		2-3 咖啡饮用常识	7	咖啡饮用常识
3. 食品卫生与安全知识	30	3-1 食品污染	3	(1) 食品污染的概念及类型
				(2) 各类食品污染及其预防
		3-2 食物中毒及预防	4	(1) 食源性疾病与食物中毒
				(2) 食物中毒的类型
				(3) 食物中毒事故的处理原则

续表

考核范围	考核比重（%）	考核内容	考核比重（%）	考核单元
3．食品卫生与安全知识		3-3 咖啡原料的卫生	3	咖啡原料的卫生与安全
		3-4 咖啡制作的卫生	4	（1）咖啡原料初加工卫生与安全
				（2）咖啡制作的卫生与安全
		3-5 制作卫生要求	4	（1）制作卫生"五四"制
				（2）个人卫生要求
				（3）咖啡企业的环境卫生
				（4）咖啡及食品生产、储存、运输、销售过程的卫生要求
		3-6 安全用电知识	3	（1）工作区域安全用电知识
				（2）触电的现场救护
		3-7 防火防爆安全知识	4	（1）防火安全知识
				（2）防爆安全知识
		3-8 设备、工具的安全使用与保养	5	（1）设备的安全使用与保养
				（2）工具的安全使用与保养
4．咖啡师的职业形象及素养	15	咖啡师的职业形象及素养	5	（1）仪容仪表要求
			6	（2）仪态要求
			4	（3）服务语言及运用
5．相关法律、法规知识	10	5-1 相关法律知识	5	相关法律知识
		5-2 相关法规知识	5	相关法规知识

2.3.2 五级／初级职业技能培训理论知识考核规范

考核范围	考核比重（%）	考核内容	考核比重（%）	考核单元
1．咖啡服务	30	1-1 接待	12	（1）迎宾送客服务
				（2）端送咖啡服务
				（3）咖啡厅席间服务

续表

考核范围	考核比重（%）	考核内容	考核比重（%）	考核单元
1．咖啡服务		1-2 销售	18	（1）介绍咖啡饮品
				（2）推销咖啡饮品
				（3）咖啡厅结账服务
2．咖啡制作	35	2-1 营业前准备	6	（1）工作台面清洁及整理
				（2）各种器具、设备的清洁及摆放
				（3）咖啡辅料准备
		2-2 咖啡选取	8	（1）咖啡厅点单服务
				（2）咖啡保鲜知识
		2-3 咖啡研磨	10	（1）咖啡研磨机的使用
				（2）咖啡豆的研磨
		2-4 咖啡冲泡	11	（1）使用压力式咖啡机制作咖啡
				（2）使用过滤式咖啡器具冲泡咖啡
				（3）使用虹吸壶冲煮咖啡
				（4）使用摩卡壶冲煮咖啡
				（5）使用法压壶冲泡咖啡
				（6）使用土耳其壶冲煮咖啡
				（7）使用预制定量咖啡器具冲泡咖啡
3．咖啡设备、器具的保养和结束营业	35	3-1 清洁	10	（1）工作区域的日常清洁
				（2）咖啡杯具的清洗及消毒
		3-2 设备、器具保养	15	（1）咖啡设备、器具的维护
				（2）咖啡研磨机的维护
		3-3 结束营业	10	结束营业工作

2.3.3 五级 / 初级职业技能培训操作技能考核规范

考核范围	考核比重（%）	考核内容	考核比重（%）	考核形式	选考方式	考核时间（分钟）	重要程度
1．咖啡服务	25	1-1 接待	10	实操	必考	过程考试	Z
		1-2 销售	15	实操	必考		Z

续表

考核范围	考核比重（%）	考核内容		考核比重（%）	考核形式	选考方式	考核时间（分钟）	重要程度
2. 咖啡制作	60	2-1	营业前准备	9	实操	必考	30	Y
		2-2	咖啡选取	12	实操	必考		X
		2-3	咖啡研磨	18	实操	必考		X
		2-4	咖啡冲泡	21	实操	必考		X
3. 咖啡设备、器具的保养和结束营业	15	3-1	清洁	4	实操	必考	15	Y
		3-2	设备、器具保养	8	实操	必考		Y
		3-3	结束营业	3	实操	必考		X

重要程度说明：
"X"表示核心要素，是鉴定中最重要、出现频率最高的内容，具有必备性、典型性的特点；"Y"表示一般要素，是鉴定中一般重要的内容；"Z"表示辅助要素，是鉴定中重要程度较低的内容。

2.3.4 四级／中级职业技能培训理论知识考核规范

考核范围	考核比重（%）	考核内容		考核比重（%）	考核单元
1．咖啡服务	25	1-1	接待	10	餐饮服务英语知识
		1-2	销售	15	咖啡制品的推荐
2．咖啡制作	60	2-1	咖啡的选取	10	（1）咖啡豆品种
					（2）咖啡生豆精制处理
					（3）咖啡树种植区域
		2-2	焙炒咖啡的研磨	6	（1）咖啡研磨机的类型及使用
					（2）研磨机维护与保养
		2-3	咖啡用水选择	4	使用水处理装置净化、软化水质
		2-4	咖啡的冲泡	18	（1）半自动压力式咖啡机
					（2）过滤式咖啡机
					（3）根据咖啡的特性选择器具、设备及制作方法
		2-5	花式咖啡	22	（1）奶沫制作和奶油打发
					（2）花式咖啡制作

续表

考核范围	考核比重（%）	考核内容	考核比重（%）	考核单元
3. 咖啡设备、器具的保养和结束营业	15	3-1 设备、器具的保养	9	（1）工作区域卫生安全规范
				（2）设备、器具安全使用规范
		3-2 结束营业	6	（1）工作日志
				（2）营业记录报表
				（3）营业盘点

2.3.5　四级/中级职业技能培训操作技能考核规范

考核范围	考核比重（%）	考核内容	考核比重（%）	考核形式	选考方式	考核时间（分钟）	重要程度
1.咖啡服务	20	1-1 接待	6	实操	必考	过程考试	Z
		1-2 销售	14	实操	必考		Z
2.咖啡制作	70	2-1 咖啡的选取	12	实操	必考	30	X
		2-2 焙炒咖啡的研磨	8	实操	必考		X
		2-3 咖啡用水选择	6	实操	必考		X
		2-4 咖啡的冲泡	20	实操	必考		X
		2-5 花式咖啡	24	实操	必考		X
3.咖啡设备、器具的保养和结束营业	30	3-1 设备、器具的保养	18	实操	必考	15	Y
		3-2 结束营业	12	实操	必考		Y

2.3.6　三级/高级职业技能培训理论知识考核规范

考核范围	考核比重（%）	考核内容	考核比重（%）	考核单元
1. 咖啡质量控制	35	1-1 咖啡选购	10	（1）咖啡采购
				（2）合理控制咖啡库存量
		1-2 咖啡出品	15	（1）常见咖啡的出品标准
				（2）判断咖啡出品标准
		1-3 咖啡设备故障判断	10	咖啡设备常见故障

续表

考核范围	考核比重（%）	考核内容	考核比重（%）	考核单元
2. 咖啡创新与经营	35	2-1 咖啡饮品的开发	20	（1）创意咖啡开发
				（2）新品咖啡饮料单设计
		2-2 策划与经营	15	（1）收集市场需求信息
				（2）建立客户档案
				（3）咖啡厅环境布置
				（4）咖啡饮品成本及毛利的计算
3. 培训与管理	30	3-1 培训	15	（1）培训讲义编写
				（2）五级／初级、四级／中级咖啡师培训
				（3）新知识、新技术培训
		3-2 管理	15	（1）工作团队餐饮服务培训
				（2）根据岗位要求制订服务流程

2.3.7 三级／高级职业技能培训操作技能考核规范

考核范围	考核比重（%）	考核内容	考核比重（%）	考核形式	选考方式	考核时间（分钟）	重要程度
1. 咖啡质量控制	35	1-1 咖啡选购	10	实操	必考	30	X
		1-2 咖啡出品	15	实操	必考		X
		1-3 咖啡设备故障判断	10	实操	必考		X
2. 咖啡创新与经营	35	2-1 咖啡饮品的开发	20	实操	必考	35	Y
		2-2 策划与经营	15	实操	必考		Y
3. 培训与管理	30	3-1 培训	15	实操	必考	过程考试	Y
		3-2 管理	15	实操	必考		Y

2.3.8 二级/技师职业技能培训理论知识考核规范

考核范围	考核比重（%）	考核内容	考核比重（%）	考核单元
1. 咖啡烘焙与拼配	35	1-1 咖啡的烘焙	20	（1）咖啡的品种
				（2）挑选品质咖啡生豆的标准
				（3）烘豆原理
				（4）烘焙曲线
				（5）咖啡豆烘焙的实际操作
				（6）咖啡烘焙设备的操作要求
				（7）咖啡烘焙设备的维护技巧
		1-2 咖啡的拼配	15	（1）代表性拼配方式的特点
				（2）咖啡拼配的基本方法
2. 培训与管理	35	2-1 培训	15	（1）培训计划的编写
				（2）培训教案的编写
				（3）培训教学的实施
		2-2 管理	20	（1）人员管理
				（2）组织管理
3. 开店指导与经营管理	30	3-1 开店指导	15	（1）咖啡店选址
				（2）开店基本常识
				（3）开店基本内容及方案制订
		3-2 经营管理	15	（1）成本核算及控制
				（2）运营策划

2.3.9 二级/技师职业技能培训操作技能考核规范

考核范围	考核比重（%）	考核内容	考核比重（%）	考核形式	选考方式	考核时间（分钟）	重要程度
1. 咖啡烘焙与拼配	35	1-1 咖啡的烘焙	20	实操	必考	30	X
		1-2 咖啡的拼配	15	实操	必考		X
2. 培训与管理	35	2-1 培训	15	实操	必考	过程考试	Y
		2-2 管理	20	实操	必考		Y

续表

考核范围	考核比重（%）	考核内容	考核比重（%）	考核形式	选考方式	考核时间（分钟）	重要程度
3.开店指导与经营管理	30	3-1 开店指导	15	实操	必考	35	Y
		3-2 经营管理	15	实操	必考		Y
				实操	必考		Y

附录

培训要求与课程规范
对照表

附录

附录1 职业基本素质培训要求与课程规范对照表

2.1.1 职业基本素质培训要求			2.2.1 职业基本素质培训课程规范			
职业基本素质模块（模块）	培训内容（课程）	培训细目	学习单元	课程内容	培训建议	课堂学时
1. 职业认知与职业道德	1-1 职业认知	(1) 咖啡师简介 (2) 咖啡师的工作内容	职业认知	1) 咖啡业认知 2) 咖啡师职业认知 3) 咖啡师岗位工作内容	(1) 方法：讲授法 (2) 重点与难点：咖啡师的工作内容	1
	1-2 职业道德基本知识	(1) 道德与职业道德的概念 (2) 职业道德的社会作用及表现形式 (3) 餐饮从业人员职业道德规范	职业道德基本知识	1) 道德与职业道德的概念 ①道德的概念 ②职业道德的概念 2) 职业道德的社会作用及表现形式 ①职业道德的社会作用 ②职业道德的表现形式 3) 咖啡师的职业道德规范	(1) 方法：讲授法、案例教学法、讨论法 (2) 重点与难点：咖啡师的职业道德规范	2
	1-3 职业守则	咖啡师职业守则	职业守则	1) 忠于职守，爱岗敬业 2) 讲究质量，注重信誉 3) 遵纪守法，讲究公德 4) 尊师爱徒，团结协作 5) 积极进取，开拓创新	(1) 方法：讲授法、案例教学法、讨论法 (2) 重点与难点：咖啡师的职业守则	1
2. 咖啡基础知识	2-1 咖啡的起源与传播	(1) 咖啡的历史 (2) 中外咖啡文化	咖啡的起源与传播	1) 咖啡的历史 2) 中外咖啡文化	(1) 方法：讲授法、案例教学法、讨论法 (2) 重点与难点：中外咖啡文化	2
	2-2 咖啡常识	(1) 咖啡的种植 (2) 咖啡果的采摘与加工 (3) 咖啡生豆的保管与运输 (4) 咖啡豆的焙炒	咖啡常识	1) 咖啡的种植 ①咖啡树的生长条件 ②咖啡树的种类 2) 咖啡果的采摘与加工 ①咖啡果的采摘 ②咖啡果的加工	(1) 方法：讲授法、案例教学法 (2) 重点与难点：咖啡豆的焙炒	4

续表

2.1.1 职业基本素质培训要求			2.2.1 职业基本素质培训课程规范			
职业基本素质模块（模块）	培训内容（课程）	培训细目	学习单元	课程内容	培训建议	课堂学时
2. 咖啡基础知识	2-2 咖啡常识	（5）咖啡豆的包装与储存	咖啡常识	3）咖啡生豆的保管与运输 ①咖啡生豆的保管 ②咖啡生豆的运输 4）咖啡豆的焙炒 5）咖啡豆的包装与储存 ①咖啡豆的包装 ②咖啡豆的储存		
	2-3 咖啡饮用常识	（1）影响咖啡品质的因素 （2）咖啡的成分 （3）咖啡对人体的影响 （4）咖啡的饮用礼仪	咖啡饮用常识	1）影响咖啡品质的因素 ①品种 ②种植环境 ③处理方式 2）咖啡的成分 3）咖啡对人体的影响 4）咖啡的饮用礼仪	（1）方法：讲授法、案例教学法、讨论法 （2）重点与难点：影响咖啡品质的因素	2
3. 食品卫生与安全知识	3-1 食品污染	（1）食品污染的概念及类型	（1）食品污染的概念及类型	1）食品污染的概念 2）食品污染的类型 ①生物性污染 ②化学性污染 ③物理性污染	（1）方法：讲授法 （2）重点与难点：食品污染的概念及类型	1
		（2）各类食品污染及其预防	（2）各类食品污染及其预防	1）生物性污染及其预防 ①微生物污染及其预防 ②寄生虫污染及其预防 2）化学性污染及其预防 ①金属毒物污染及其预防 ②残留物、禁用物污染及其预防 ③加工造成的污染及其预防 3）物理性污染及其预防 ①异物污染及其预防 ②放射性污染及其预防	（1）方法：讲授法、案例教学法 （2）重点：各类食品污染及其预防 （3）难点：微生物污染及其预防	1

附录

续表

2.1.1 职业基本素质培训要求			2.2.1 职业基本素质培训课程规范			
职业基本素质模块（模块）	培训内容（课程）	培训细目	学习单元	课程内容	培训建议	课堂学时
3．食品卫生与安全知识	3-2 食物中毒及预防	(1) 食源性疾病与食物中毒 (2) 食物中毒的类型 (3) 食物中毒事故的处理原则	(1) 食源性疾病与食物中毒	1) 食源性疾病 2) 食物中毒的概念及特点 ①食物中毒的概念 ②食物中毒的特点	(1) 方法：讲授法 (2) 重点：食物中毒的概念及特点 (3) 难点：食源性疾病与食物中毒	1
			(2) 食物中毒的类型	1) 细菌性食物中毒 2) 真菌性食物中毒 3) 有毒动、植物食物中毒	(1) 方法：讲授法、案例教学法 (2) 重点与难点：食物中毒的类型	1
			(3) 食物中毒事故的处理原则	1) 食物中毒的一般急救处理 2) 食物中毒调查处理程序与方法	(1) 方法：讲授法 (2) 重点与难点：食物中毒事故的处理原则	1
	3-3 咖啡原料的卫生	各类原料的卫生与安全	咖啡原料的卫生与安全	1) 咖啡豆的卫生与安全 2) 牛奶、鲜奶油的卫生与安全 3) 其他原料的卫生与安全	(1) 方法：讲授法、案例教学法 (2) 重点与难点：咖啡原料的卫生与安全	1
	3-4 咖啡制作的卫生	(1) 咖啡原料初加工卫生与安全 (2) 咖啡制作的卫生与安全	(1) 咖啡原料初加工卫生与安全	1) 咖啡原料初加工的一般卫生要求 2) 常用原料的初加工卫生与安全	(1) 方法：讲授法 (2) 重点与难点：初加工可能出现的卫生与安全问题及预防措施	2
			(2) 咖啡制作的卫生与安全	1) 冷咖啡制作的卫生与安全 2) 热咖啡制作的卫生与安全	(1) 方法：讲授法 (2) 重点与难点：咖啡制作可能出现的卫生与安全问题及预防措施	2
	3-5 制作卫生要求	(1) 制作卫生"五四"制 (2) 个人卫生要求	(1) 制作卫生"五四"制	1) 咖啡生产环节的卫生"五四"制 2) 咖啡制作环节的卫生"五四"制 3) 咖啡销售环节的卫生"五四"制	(1) 方法：讲授法 (2) 重点与难点：咖啡制作环节的卫生"五四"制	1

续表

2.1.1 职业基本素质培训要求			2.2.1 职业基本素质培训课程规范			
职业基本素质模块（模块）	培训内容（课程）	培训细目	学习单元	课程内容	培训建议	课堂学时
3. 食品卫生与安全知识	3-5 制作卫生要求	(3) 咖啡企业的环境卫生 (4) 咖啡及食品生产、储存、运输、销售过程的卫生要求	(2) 个人卫生要求	1) 仪容仪表要求 2) 个人卫生习惯 3) 健康检查要求	(1) 方法：讲授法、实训（练习）法 (2) 重点与难点：个人卫生习惯	1
			(3) 咖啡企业的环境卫生	1) 操作台卫生 2) 工作区域卫生 3) 营业区域卫生	(1) 方法：讲授法 (2) 重点与难点：工作区域卫生	1
			(4) 咖啡及食品生产、储存、运输、销售过程的卫生要求	1) 咖啡及食品生产的卫生要求 2) 咖啡及食品储存的卫生要求 3) 咖啡及食品运输的卫生要求 4) 咖啡及食品销售过程的卫生	(1) 方法：讲授法、案例教学法 (2) 重点与难点：各环节的卫生要求	1
	3-6 安全用电知识	(1) 工作区域安全用电知识 (2) 触电的现场救护	(1) 工作区域安全用电知识	1) 工作区域安全用电的概念 2) 工作区域安全用电的意义 3) 工作区域安全用电的制度	(1) 方法：讲授法、案例教学法 (2) 重点与难点：工作区域安全用电知识	1
			(2) 触电的现场救护	1) 触电的简单诊断 2) 触电的处理方法	(1) 方法：讲授法、案例教学法 (2) 重点与难点：触电的处理方法	1
	3-7 防火防爆安全知识	(1) 防火安全知识 (2) 防爆安全知识	(1) 防火安全知识	1) 由燃料引起的火灾预防及灭火措施 2) 由电器引起的火灾预防及灭火措施	(1) 方法：讲授法、案例教学法 (2) 重点与难点：火灾预防	1
			(2) 防爆安全知识	1) 燃气爆炸的预防 2) 微波炉爆炸的预防 3) 摩卡壶爆炸的预防	(1) 方法：讲授法、案例教学法 (2) 重点与难点：燃气爆炸的预防	1
	3-8 设备、工具的安全使用与保养	(1) 设备的安全使用与保养	(1) 设备的安全使用与保养	1) 工作区域加工设备的安全使用与保养 ①咖啡机的安全使用与保养 ②榨汁机的安全使用与保养 ③磨豆机的安全使用与保养	(1) 方法：讲授法、案例教学法 (2) 重点：工作区域加工设备的安全使用与保养	1

续表

2.1.1 职业基本素质培训要求			2.2.1 职业基本素质培训课程规范			
职业基本素质模块（模块）	培训内容（课程）	培训细目	学习单元	课程内容	培训建议	课堂学时
3. 食品卫生与安全知识	3-8 设备、工具的安全使用与保养	(2) 工具的安全使用与保养	(1) 设备的安全使用与保养	2) 工作区域加热设备的安全使用与保养 ①平板炉的安全使用与保养 ②微波炉的安全使用与保养 ③电磁炉的安全使用与保养 3) 工作区域其他设备的安全使用与保养 ①电热开水器的安全使用与保养 ②制冰机的安全使用与保养	(3) 难点：工作区域加热设备的安全使用与保养	
			(2) 工具的安全使用与保养	1) 刀具的安全使用与保养 2) 砧板的安全使用与保养 3) 调酒壶的安全使用与保养	(1) 方法：讲授法、案例教学法 (2) 重点与难点：刀具、砧板的安全使用与保养	1
4. 咖啡师的职业形象及素养	咖啡师的职业形象及素养	(1) 仪容仪表要求 (2) 仪态要求 (3) 服务语言及运用	(1) 仪容仪表要求	1) 礼仪基础知识 2) 服饰要求 3) 配饰要求 4) 面部修饰要求 5) 手部修饰要求 6) 发型、头饰要求	(1) 方法：讲授法、案例教学法、演示法、实训（练习）法 (2) 重点与难点：配饰要求	2
			(2) 仪态要求	1) 站姿要求 2) 坐姿要求 3) 步态要求 4) 手势要求 5) 表情要求	(1) 方法：讲授法、案例教学法、演示法、实训（练习）法 (2) 重点：站姿要求 (3) 难点：表情要求	3
			(3) 服务语言及运用	1) 普通话基本知识 2) 迎宾敬语基本知识 ①称呼礼节 ②问候礼节 ③应答礼节	(1) 方法：讲授法、观摩法 (2) 重点与难点：服务语言及运用	1

续表

2.1.1 职业基本素质培训要求			2.2.1 职业基本素质培训课程规范			
职业基本素质模块（模块）	培训内容（课程）	培训细目	学习单元	课程内容	培训建议	课堂学时
5. 相关法律、法规知识	5-1 相关法律知识	(1)《中华人民共和国劳动法》相关知识 (2)《中华人民共和国食品安全法》相关知识 (3)《中华人民共和国消费者权益保障法》相关知识	相关法律知识	1)《中华人民共和国劳动法》相关知识 2)《中华人民共和国食品安全法》相关知识 3)《中华人民共和国环境保护法》相关知识	(1) 方法：讲授法、案例教学法 (2) 重点与难点：《中华人民共和国劳动法》相关知识	2
	5-2 相关法规知识	(1)《食品生产许可管理办法》相关知识 (2)《中华人民共和国公共场所卫生管理条例》相关知识	相关法规知识	1)《食品生产许可管理办法》相关知识 2)《中华人民共和国公共场所卫生管理条例》相关知识	(1) 方法：讲授法、案例教学法 (2) 重点与难点：《食品生产许可管理办法》相关知识	2
课堂学时合计						42

附录2　五级/初级职业技能培训要求与课程规范对照表

2.1.2 五级/初级职业技能培训要求				2.2.2 五级/初级职业技能培训课程规范			
职业功能模块（模块）	培训内容（课程）	技能目标	培训细目	学习单元	课程内容	培训建议	课堂学时
1. 咖啡服务	1-1 接待	1-1-1 能迎送客人	(1) 仪容仪表自查 (2) 按规范的仪态进行迎宾送客服务 (3) 规范迎宾送客服务流程	(1) 迎宾送客服务	1) 仪容仪表规范 2) 迎宾送客服务流程 3) 服务规范	(1) 方法：讲授法、演示法、角色扮演法 (2) 重点：迎宾送客服务 (3) 难点：服务规范	1
		1-1-2 能为客人端送咖啡	(1) 使用托盘服务 (2) 进行咖啡饮品上桌服务 (3) 按照礼节进行咖啡端送服务	(2) 端送咖啡服务	1) 托盘的使用技巧 2) 咖啡饮品上桌的操作要求 3) 端送咖啡礼节知识	(1) 方法：讲授法、演示法、实训（练习）法 (2) 重点：咖啡饮品上桌的操作要求 (3) 难点：托盘的使用技巧	2

附录

续表

2.1.2 五级/初级职业技能培训要求				2.2.2 五级/初级职业技能培训课程规范			
职业功能模块（模块）	培训内容（课程）	技能目标	培训细目	学习单元	课程内容	培训建议	课堂学时
1.咖啡服务	1-1 接待	1-1-3 能为客人提供席间服务	（1）按照礼节进行席间服务 （2）清理台面及用品	（3）咖啡厅席间服务	1）咖啡服务知识 2）席间服务要求规范 3）使用过的台面及用品的清理方法	（1）方法：讲授法、演示法、实训（练习）法 （2）重点与难点：席间服务要求规范	2
	1-2 销售	1-2-1 能在菜单范围内介绍咖啡	（1）介绍咖啡饮品 （2）介绍菜单中常见咖啡的特点	（1）介绍咖啡饮品	1）咖啡饮品知识 2）菜单中常见咖啡的特点	（1）方法：讲授法、演示法、实训（练习）法 （2）重点与难点：菜单中常见咖啡的特点	2
		1-2-2 能在菜单范围内销售咖啡	（1）使用礼貌用语进行咖啡销售 （2）对客人所点饮品和甜点的搭配提出合理化建议 （3）向客人推销咖啡	（2）推销咖啡饮品	1）礼貌用语的使用 2）咖啡搭配甜点的推荐 3）推销咖啡的技巧	（1）方法：讲授法、讨论法、案例教学法 （2）重点与难点：推销咖啡的技巧	2
		1-2-3 能为客人提供结账服务	（1）按规范的要求进行结账服务 （2）规范结账服务流程	（3）咖啡厅结账服务	1）结账服务的要求 2）结账服务的规范流程 3）收银服务的操作方法	（1）方法：讲授法、演示法、实训（练习）法 （2）重点与难点：结账服务的规范流程	2
2.咖啡制作	2-1 营业前准备	2-1-1 能对工作台面进行清洁、整理	（1）清洁工作台面 （2）整理工作台面	（1）工作台面清洁及整理	1）工作台面的清洁要求 2）工作台面的清洁方法 3）工作台面的整理方法	（1）方法：讲授法、演示法、实训（练习）法 （2）重点与难点：工作台面的清洁及整理	2
		2-1-2 能对器具、设备进行工作前准备	（1）清洁和检查器具 （2）清洁和检查设备	（2）各种器具、设备的清洁及摆放	1）各种器具、设备的清洁方法 2）各种器具、设备的摆放要求	（1）方法：讲授法、演示法、实训（练习）法 （2）重点与难点：各种器具、设备的清洁及摆放	2

续表

2.1.2 五级／初级职业技能培训要求				2.2.2 五级／初级职业技能培训课程规范			
职业功能模块（模块）	培训内容（课程）	技能目标	培训细目	学习单元	课程内容	培训建议	课堂学时
2. 咖啡制作	2-1 营业前准备	2-1-3 能准备各种咖啡制作辅料	(1) 准备常用咖啡制作辅料 (2) 加工制作不同咖啡辅料	(3) 咖啡辅料准备	1) 咖啡伴侣的基本知识及使用注意事项 2) 牛奶、奶油类咖啡辅料的基本知识及使用注意事项	(1) 方法：讲授法、演示法、实训（练习）法 (2) 重点与难点：咖啡伴侣、牛奶和奶油类咖啡辅料的成分及使用注意事项	2
	2-2 咖啡选取	2-2-1 能按客人要求在菜单范围内选取咖啡	(1) 递送菜单 (2) 进行咖啡点单	(1) 咖啡厅点单服务	1) 点单服务要求 2) 点单服务标准 3) 点单服务方法 ①程序点单法 ②推荐点单法	(1) 方法：讲授法、演示法、情景表演法 (2) 重点：点单服务要求 (3) 难点：点单服务标准	2
		2-2-2 能判断咖啡的新鲜度	(1) 区分咖啡产地与风味 (2) 分辨咖啡新鲜度	(2) 咖啡保鲜知识	1) 咖啡的产地常识 2) 咖啡新鲜度的辨识	(1) 方法：讲授法、演示法、讨论法 (2) 重点：咖啡的产地常识 (3) 难点：咖啡新鲜度的辨识	2
	2-3 咖啡研磨	2-3-1 能使用咖啡研磨机研磨咖啡豆	(1) 使用手动咖啡研磨机研磨咖啡豆 (2) 使用自动咖啡研磨机研磨咖啡豆	(1) 咖啡研磨机的使用	1) 咖啡研磨机的分类及研磨原理 2) 手动咖啡研磨机的构造及使用 3) 自动咖啡研磨机的构造及使用	(1) 方法：讲授法、演示法、实训（练习）法 (2) 重点与难点：自动咖啡研磨机的构造及使用	5
		2-3-2 能根据不同咖啡制作方法研磨相应颗粒度的咖啡粉	(1) 调节研磨机的研磨刻度 (2) 根据不同冲煮方式研磨咖啡粉 (3) 解决研磨过程中出现的问题	(2) 咖啡豆的研磨	1) 咖啡粉末研磨度的粗细等级 2) 各种咖啡制作器具对咖啡粉颗粒度的要求 3) 研磨时的注意事项	(1) 方法：讲授法、演示法、实训（练习）法 (2) 重点与难点：各种咖啡制作器具对咖啡粉颗粒度的要求	6

续表

2.1.2 五级/初级职业技能培训要求				2.2.2 五级/初级职业技能培训课程规范			
职业功能模块（模块）	培训内容（课程）	技能目标	培训细目	学习单元	课程内容	培训建议	课堂学时
2.咖啡制作	2-4 咖啡冲泡	2-4-1 能使用压力式咖啡机制作咖啡	（1）操作压力式咖啡机 （2）使用压力式咖啡机制作咖啡的方法 （3）规范压力式咖啡机制作咖啡流程	（1）使用压力式咖啡机制作咖啡	1）压力式咖啡机的制作原理 2）压力式咖啡机的器具用品及原料 3）咖啡制作流程及特点（合格咖啡的判断标准）	（1）方法：讲授法、演示法、实训（练习）法 （2）重点：咖啡制作流程 （3）难点：咖啡制作特点（合格咖啡的判断标准）	8
		2-4-2 能使用过滤式咖啡器具冲泡咖啡	（1）使用过滤式咖啡器具 （2）使用过滤式咖啡器具冲泡咖啡的方法 （3）规范过滤式冲泡咖啡流程	（2）使用过滤式咖啡器具冲泡咖啡	1）过滤式咖啡器具冲泡咖啡的原理 2）过滤式咖啡器具用品及原料 3）过滤式咖啡器具冲泡咖啡的过程	（1）方法：讲授法、演示法、实训（练习）法 （2）重点与难点：过滤式咖啡器具冲泡咖啡的过程	8
		2-4-3 能使用虹吸壶冲煮咖啡	（1）使用虹吸式咖啡器具 （2）使用虹吸壶冲煮咖啡的方法 （3）规范虹吸壶冲煮咖啡流程	（3）使用虹吸壶冲煮咖啡	1）虹吸壶冲煮咖啡的原理 2）虹吸壶冲煮咖啡的器具用品及原料 3）虹吸壶冲煮咖啡的过程	（1）方法：讲授法、演示法、实训（练习）法 （2）重点与难点：虹吸壶冲煮咖啡的过程	6
		2-4-4 能使用摩卡壶冲煮咖啡	（1）使用摩卡壶 （2）使用摩卡壶冲煮咖啡的方法 （3）规范摩卡壶冲煮咖啡流程	（4）使用摩卡壶冲煮咖啡	1）摩卡壶冲煮咖啡的原理 2）摩卡壶冲煮咖啡的器具用品及原料 3）摩卡壶冲煮咖啡的过程	（1）方法：讲授法、演示法、实训（练习）法 （2）重点与难点：摩卡壶冲煮咖啡的过程	6
		2-4-5 能使用法压壶冲泡咖啡	（1）使用法压壶 （2）使用法压壶冲泡咖啡的方法 （3）规范法压壶冲泡咖啡流程	（5）使用法压壶冲泡咖啡	1）法压壶冲泡咖啡的原理 2）法压壶冲泡咖啡的器具用品及原料 3）法压壶冲泡咖啡的过程	（1）方法：讲授法、演示法、实训（练习）法 （2）重点与难点：法压壶冲泡咖啡的过程	6

续表

2.1.2 五级/初级职业技能培训要求				2.2.2 五级/初级职业技能培训课程规范			
职业功能模块（模块）	培训内容（课程）	技能目标	培训细目	学习单元	课程内容	培训建议	课堂学时
2. 咖啡制作	2-4 咖啡冲泡	2-4-6 能使用土耳其壶冲煮咖啡	(1) 使用土耳其壶 (2) 使用土耳其壶冲煮咖啡的方法 (3) 规范土耳其壶冲煮咖啡流程	(6) 使用土耳其壶冲煮咖啡	1) 土耳其壶冲煮咖啡的原理 2) 土耳其壶冲煮咖啡的器具用品及原料 3) 土耳其壶冲煮咖啡的过程	(1) 方法：讲授法、演示法、实训（练习）法 (2) 重点与难点：土耳其壶冲煮咖啡的过程	6
		2-4-7 能使用预制定量咖啡器具冲泡咖啡	(1) 使用预制定量咖啡器具 (2) 使用预制定量咖啡器具冲泡咖啡的方法 (3) 规范预制定量咖啡器具冲泡咖啡流程	(7) 使用预制定量咖啡器具冲泡咖啡	1) 预制定量咖啡器具冲泡咖啡的原理 2) 预制定量咖啡器具冲泡咖啡的器具用品及原料 3) 预制定量咖啡器具冲泡咖啡的过程	(1) 方法：讲授法、演示法、实训（练习）法 (2) 重点与难点：预制定量咖啡器具冲泡咖啡的过程	6
3. 咖啡设备、器具的保养和结束营业	3-1 清洁	3-1-1 能对工作环境及区域进行日常清洁	(1) 对工作环境进行日常清洁 (2) 对工作区域进行日常清洁	(1) 工作区域的日常清洁	1) 咖啡厅、吧台的环境卫生 2) 工作区域的清洁要求 ①无尘 ②无杂物 ③无水迹	(1) 方法：讲授法、演示法、实训（练习）法 (2) 重点与难点：工作区域的清洁要求	2
		3-1-2 能对咖啡杯具进行清洗、消毒、擦拭	(1) 对咖啡杯具进行清洗 (2) 对咖啡杯具进行消毒 (3) 对咖啡杯具进行擦拭	(2) 咖啡杯具的清洗及消毒	1) 咖啡杯具的清洗工作 2) 咖啡杯具的消毒措施 3) 咖啡杯具的擦拭及损坏处理	(1) 方法：讲授法、演示法、实训（练习）法 (2) 重点与难点：咖啡杯具的清洗及消毒	2
	3-2 设备、器具保养	3-2-1 能清洁并整理咖啡设备、器具	(1) 对咖啡设备、器具进行清洁 (2) 对咖啡设备、器具进行整理	(1) 咖啡设备、器具的维护	1) 设备、器具清洁要求 ①表面平整、光亮 ②无异味、无抹痕 2) 摆放整齐有序	(1) 方法：讲授法、演示法、实训（练习）法 (2) 重点与难点：设备、器具清洁要求	2

续表

2.1.2 五级/初级职业技能培训要求					2.2.2 五级/初级职业技能培训课程规范			
职业功能模块（模块）	培训内容（课程）	技能目标	培训细目	学习单元	课程内容	培训建议	课堂学时
3. 咖啡设备、器具的保养和结束营业	3-2 设备、器具保养	3-2-2 能维护咖啡研磨机	（1）咖啡研磨机日常清洁 （2）咖啡研磨机保养	（2）咖啡研磨机的维护	1）咖啡研磨机保养清洁工具 2）咖啡研磨机日常清洁与保养流程	（1）方法：讲授法、演示法、实训（练习）法 （2）重点与难点：咖啡研磨机日常清洁与保养流程	2
	3-3 结束营业	能按照工作表结束营业	（1）填写结束营业工作日报表 （2）核实物品 （3）清洁及自查	结束营业工作	1）结束营业工作日志 2）清点每日所存物品及销售情况 3）清洁和检查店内器具设备	（1）方法：讲授法、演示法、实训（练习）法 （2）重点与难点：结束营业工作日志	4
课堂学时合计								90

附录3　四级/中级职业技能培训要求与课程规范对照表

2.1.3 四级/中级职业技能培训要求					2.2.3 四级/中级职业技能培训课程规范			
职业功能模块（模块）	培训内容（课程）	技能目标	培训细目	学习单元	课程内容	培训建议	课堂学时
1. 咖啡服务	1-1 接待	能使用英语提供服务	（1）餐饮服务接待英语知识 （2）我国主要客源及其地区的习俗礼仪	餐饮服务英语知识	1）咖啡接待服务用语 2）问候服务对话 3）问候要求 4）席间服务用语 5）结账服务用语	（1）方法：讲授法、讨论法 （2）重点与难点：餐饮服务英语知识	4
	1-2 销售	能根据需求推荐咖啡制品	（1）咖啡制品的特点	咖啡制品的推荐	1）咖啡饮品特点 ①经典咖啡特点 ②花式咖啡特点	（1）方法：讲授法、演示法、角色扮演法、情景表演法	6

续表

2.1.3 四级/中级职业技能培训要求				2.2.3 四级/中级职业技能培训课程规范			
职业功能模块（模块）	培训内容（课程）	技能目标	培训细目	学习单元	课程内容	培训建议	课堂学时
1. 咖啡服务	1-2 销售	能根据需求推荐咖啡制品	（2）咖啡搭配食物的方法 （3）推荐咖啡的技巧	咖啡制品的推荐	2）咖啡饮用与风味 ①饮用方式 ②风味特点 3）咖啡与健康 ①咖啡因 ②咖啡对身体健康的影响 4）咖啡与食物的搭配 ①搭配的原则 ②搭配的方法 5）咖啡推荐技巧 ①推荐原则 ②推荐方法	（2）重点与难点：咖啡饮品特点、咖啡的饮用、咖啡与食物的搭配	
2. 咖啡制作	2-1 咖啡的选取	2-1-1 能区分阿拉比卡(ARABICA)咖啡和罗布斯塔(ROBUSTA)咖啡	（1）辨识阿拉比卡(ARABICA)咖啡 （2）辨识罗布斯塔(ROBUSTA)咖啡	（1）咖啡豆品种	1）阿拉比卡种 ①阿拉比卡种的植物学特征 ②阿拉比卡种的风味特征 2）罗布斯塔种 ①罗布斯塔种的植物学特征 ②罗布斯塔种的风味特征	（1）方法：讲授法 （2）重点与难点：主要咖啡豆品种	2
		2-1-2 能区分干法加工、湿法加工的咖啡	（1）辨别干法加工的咖啡 （2）辨别湿法加工的咖啡	（2）咖啡生豆精制处理	1）日晒处理 ①处理方法 ②感官特征 2）水洗处理 ①处理方法 ②感官特征 3）半日晒处理 ①处理方法 ②感官特征	（1）方法：讲授法、演示法 （2）重点与难点：咖啡生豆精制处理	6
		2-1-3 能区分中国咖啡、巴西咖啡、哥伦比亚咖啡	（1）中国咖啡的特点 （2）巴西咖啡的特点	（3）咖啡树种植区域	1）世界咖啡产区 ①咖啡种植带 ②产区和产量 2）中国产区 ①主产区 ②各产区特征	（1）方法：讲授法	4

附录

续表

2.1.3 四级/中级职业技能培训要求				2.2.3 四级/中级职业技能培训课程规范			
职业功能模块（模块）	培训内容（课程）	技能目标	培训细目	学习单元	课程内容	培训建议	课堂学时
2. 咖啡制作	2-1 咖啡的选取	2-1-3 能区分中国咖啡、巴西咖啡、哥伦比亚咖啡	(3) 哥伦比亚咖啡的特点	(3) 咖啡树种植区域	3) 巴西产区 ①主产区 ②各产区特征 4) 哥伦比亚产区 ①主产区 ②各产区特征	(2) 重点与难点：中国、巴西、哥伦比亚等咖啡产区的主产区及各产区特征	
	2-2 焙炒咖啡的研磨	2-2-1 能识别并调节咖啡研磨机	(1) 识别咖啡研磨机 (2) 调节咖啡研磨机的研磨颗粒度 (3) 调整咖啡研磨机的出粉量	(1) 咖啡研磨机的类型及使用	1) 咖啡研磨机的类型 ①分类 ②构造 2) 咖啡研磨机的使用 ①调整方法 ②影响研磨度调整的因素 3) 咖啡研磨机的出粉量调整 ①粉仓 ②分量器的调整方法	(1) 方法：讲授法、演示法、实训（练习）法 (2) 重点与难点：咖啡研磨机的出粉量调整	4
		2-2-2 能保养咖啡研磨机	保养咖啡研磨机	(2) 研磨机维护与保养	1) 日常保养规范 2) 维护与保养方法	(1) 方法：讲授法、演示法、实训（练习）法 (2) 重点与难点：日常保养规范	2
	2-3 咖啡用水选择	能使用水处理装置净化、软化水质	(1) 各种水处理装置的使用方法 (2) 水质的净化、软化	使用水处理装置净化、软化水质	1) 水质 ①处理水与外购瓶装水 ②水质的软硬度 ③水中各种物质对咖啡口感的影响 2) 水处理装置 ①水处理装置（软水器、净水器以及纯水机）的使用方法 ②水处理装置的保养	(1) 方法：讲授法、演示法、实训（练习）法 (2) 重点与难点：水处理装置的使用方法与保养	4

续表

2.1.3 四级/中级职业技能培训要求				2.2.3 四级/中级职业技能培训课程规范			
职业功能模块（模块）	培训内容（课程）	技能目标	培训细目	学习单元	课程内容	培训建议	课堂学时
2. 咖啡制作	2-4 咖啡的冲泡	2-4-1 能调节咖啡机工作参数	(1) 调节压力式咖啡机工作参数 (2) 调节过滤式咖啡机工作参数	(1) 半自动压力式咖啡机	1) 半自动压力式咖啡机的组成 ①锅炉系统 ②开关系统 ③蒸汽系统 ④冲泡组系统 ⑤进出水系统 2) 半自动压力式咖啡机的使用 ①启动与待机 ②萃取原理	(1) 方法：讲授法、演示法、实训（练习）法 (2) 重点与难点：半自动压力式咖啡机的萃取原理	4
				(2) 过滤式咖啡机	1) 过滤式咖啡机的组成 ①锅炉系统 ②开关系统 ③冲泡系统 ④进出水系统 2) 过滤式咖啡机的使用	(1) 方法：讲授法、演示法、实训（练习）法 (2) 重点与难点：过滤式咖啡机的使用	4
		2-4-2 能根据咖啡的特性选择器具、设备及制作方法	(1) 虹吸壶的使用 (2) 摩卡壶的使用	(3) 根据咖啡的特性选择器具、设备及制作方法	1) 虹吸壶 ①虹吸壶各部位的名称 ②虹吸壶的萃取原理 ③热源的选择 ④卤素灯加热虹吸壶萃取咖啡的方法 2) 摩卡壶 ①摩卡壶各部位的名称 ②摩卡壶的萃取原理 ③摩卡壶萃取咖啡的方法 3) 预制定量咖啡器具 ①预制定量咖啡器具的工作原理 ②预制定量咖啡器具的使用方法	(1) 方法：讲授法、演示法、实训（练习）法	6

续表

2.1.3 四级/中级职业技能培训要求				2.2.3 四级/中级职业技能培训课程规范			
职业功能模块（模块）	培训内容（课程）	技能目标	培训细目	学习单元	课程内容	培训建议	课堂学时
2. 咖啡制作	2-4 咖啡的冲泡	2-4-2 能根据咖啡的特性选择器具、设备及制作方法	（3）预制定量咖啡器具的使用 （4）咖啡出品质量的控制	（3）根据咖啡的特性选择器具、设备及制作方法	4）咖啡出品的品质 ①口腔味觉，鉴赏咖啡的四种液化滋味 ②鼻腔双向嗅觉，鉴赏香气 ③口感，顺滑感与涩感 ④鉴赏咖啡的整体风味	（2）重点与难点：根据咖啡的特性选择器具、设备及制作方法	
					5）咖啡出品质量		
	2-5 花式咖啡	2-5-1 能制作奶沫	（1）使用蒸汽制作奶沫 （2）使用搅拌方式制作奶沫 （3）使用手动方法制作奶沫	（1）奶沫制作和奶油打发	1）奶沫制作 ①牛奶的卫生要求 ②奶沫的质量要求 ③奶沫打发的温度要求 ④奶沫打发的步骤 ⑤开封后的牛奶储存要求	（1）方法：讲授法、演示法、实训（练习）法 （2）重点与难点：奶沫制作、奶油打发	4
					2）奶油打发 ①奶油温度对奶油打发的影响 ②奶油质量对奶油打发的影响 ③糖浆对奶油打发的影响 ④打发时间对奶油打发的影响 ⑤已打发奶油的储存方法 ⑥已打发奶油的使用时间 ⑦制作风味奶盖的方法		
		2-5-2 能根据咖啡谱制作卡布奇诺等8种花式咖啡	（1）制作8种花式咖啡	（2）花式咖啡制作	1）卡布奇诺咖啡制作 ①卡布奇诺咖啡制作单 ②相关辅料的使用要求	（1）方法：讲授法、演示法、实训（练习）法	20

续表

2.1.3 四级/中级职业技能培训要求				2.2.3 四级/中级职业技能培训课程规范			
职业功能模块（模块）	培训内容（课程）	技能目标	培训细目	学习单元	课程内容	培训建议	课堂学时
2. 咖啡制作	2-5 花式咖啡	2-5-2 能根据咖啡谱制作卡布奇诺等8种花式咖啡	（2）使用咖啡辅料制作咖啡	（2）花式咖啡制作	2）拿铁咖啡制作 ①拿铁咖啡制作单 ②相关辅料的使用要求	（2）重点与难点：花式咖啡制作	
					3）冰拿铁咖啡制作 ①冰拿铁咖啡制作单 ②相关辅料的使用要求		
					4）焦糖玛奇朵咖啡制作 ①焦糖玛奇朵咖啡制作单 ②相关辅料的使用要求		
					5）摩卡咖啡制作 ①摩卡咖啡制作单 ②相关辅料的使用要求		
					6）康宝兰咖啡制作 ①康宝兰咖啡制作单 ②相关辅料的使用要求		
					7）维也纳咖啡制作 ①维也纳咖啡制作单 ②相关辅料的使用要求		
					8）冰美式咖啡制作 ①冰美式咖啡制作单 ②相关辅料的使用要求		
3. 咖啡设备、器具的保养和结束营业	3-1 设备、器具的保养	3-1-1 能划分工作区域并制订工作区域清洁流程	（1）划分工作区域并选择清洁方法 （2）制订工作区域清洁流程	（1）工作区域卫生安全规范	1）工作区域卫生安全规范制订的原则	（1）方法：讲授法、演示法、实训（练习）法 （2）重点与难点：工作区域卫生安全规范	1
					2）工作区域卫生安全规范制订的方法		

续表

2.1.3 四级/中级职业技能培训要求				2.2.3 四级/中级职业技能培训课程规范			
职业功能模块（模块）	培训内容（课程）	技能目标	培训细目	学习单元	课程内容	培训建议	课堂学时
3. 咖啡设备、器具的保养和结束营业	3-1 设备、器具的保养	3-1-2 能制订设备、器具保养流程	(1) 制订设备保养流程 (2) 制订器具保养流程	(2) 设备、器具安全使用规范	1) 设备、器具的安全使用 ①设备、器具的清洁 ②设备、器具的维护保养	(1) 方法：讲授法、演示法、实训（练习）法 (2) 重点与难点：主要设备、器具的安全使用与清洁维护	3
					2) 半自动压力式咖啡机的安全使用 ①半自动压力式咖啡机的清洁 ②半自动压力式咖啡机的维护保养流程		
					3) 意式磨豆机的安全使用 ①意式磨豆机的清洁 ②意式磨豆机的维护保养流程		
	3-2 结束营业	3-2-1 能填写每日工作日志	(1) 设计工作日志表 (2) 填写工作日志表	(1) 工作日志	1) 工作日志的功能 2) 工作日志的作用 3) 工作日志的填写规范	(1) 方法：讲授法、案例法 (2) 重点与难点：工作日志的填写规范	1
		3-2-2 能拟定营业指标并核对营业记录	(1) 拟定营业指标 (2) 核对营业记录	(2) 营业记录报表	1) 营业记录报表的作用 2) 营业记录报表的核对规范	(1) 方法：讲授法、案例法 (2) 重点与难点：营业记录报表的核对规范	1
		3-2-3 能进行物料盘点	(1) 确定盘点物料 (2) 对物料进行盘点	(3) 营业盘点	1) 营业盘点的作用与意义 2) 营业盘点的规范	(1) 方法：讲授法、案例法 (2) 重点与难点：营业盘点的规范	2
课堂学时合计							78

附录4 三级/高级职业技能培训要求与课程规范对照表

2.1.4 三级/高级职业技能培训要求				2.2.4 三级/高级职业技能培训课程规范			
职业功能模块（模块）	培训内容（课程）	技能目标	培训细目	学习单元	课程内容	培训建议	课堂学时
1. 咖啡质量控制	1-1 咖啡选购	1-1-1 能制订咖啡采购方案	(1)根据品质制订咖啡采购方案 (2)根据价格制订咖啡采购方案 (3)根据供应稳定性制订咖啡采购方案	(1)咖啡采购	1)咖啡采购的品质控制 2)咖啡采购的价格控制 ①价格控制的原则 ②价格控制的途径 3)咖啡供应稳定性控制	(1)方法：讲授法、案例教学法、讨论法 (2)重点与难点：咖啡采购的价格控制	4
		1-1-2 能合理控制咖啡的库存量	(1)设定安全库存量 (2)根据实际情况补货或延迟订货	(2)合理控制咖啡库存量	1)咖啡库存管理基本制度 2)咖啡库存数量控制 3)咖啡合理库存量控制方法 ①依据往年统计数据 ②依据经营状况	(1)方法：讲授法、讨论法 (2)重点与难点：咖啡合理库存量控制方法	4
	1-2 咖啡出品	1-2-1 能制订常见咖啡的出品标准	(1)将饮料单中的常见咖啡出品进行分类	(1)常见咖啡的出品标准	1)饮料单中常见咖啡种类 2)各类常见咖啡的出品标准 ①手冲咖啡（hand-drip）出品标准 ②美式咖啡（Americano）出品标准 ③意式特浓（Espresso）出品标准 ④玛奇朵（Macchiato）出品标准	(1)方法：讲授法、实训（练习）法	8

附录

续表

2.1.4 三级/高级职业技能培训要求				2.2.4 三级/高级职业技能培训课程规范			
职业功能模块（模块）	培训内容（课程）	技能目标	培训细目	学习单元	课程内容	培训建议	课堂学时
1. 咖啡质量控制	1-2 咖啡出品	1-2-1 能制订常见咖啡的出品标准	(2) 制订各类咖啡出品标准	(1) 常见咖啡的出品标准	⑤卡布奇诺（Cappuccino）出品标准 ⑥拿铁咖啡（Cafe Latte）出品标准	(2) 重点与难点：各类常见咖啡的出品标准	4
		1-2-2 能判断制作的咖啡是否符合出品标准	(1) 明确咖啡出品标准判断依据 (2) 依据出品标准判断制作的咖啡质量	(2) 判断咖啡出品标准	1) 咖啡出品标准判断依据 ①奶泡面密度 ②牛奶比例 ③味觉效果 2) 制作咖啡与出品标准对照表	(1) 方法：讲授法、讨论法、案例教学法 (2) 重点与难点：咖啡出品标准判断依据	
	1-3 咖啡设备故障判断	1-3-1 能判断咖啡设备常见故障	(1) 咖啡设备断电故障的判断 (2) 咖啡设备断水故障的判断 (3) 咖啡设备不出咖啡故障的判断	咖啡设备常见故障	1) 咖啡设备断电故障原因及解决方法 2) 咖啡设备断水故障原因及解决方法 3) 咖啡设备不出咖啡故障原因及解决方法 4) 咖啡设备其他故障原因及解决方法	(1) 方法：案例教学法、讨论法 (2) 重点与难点：咖啡设备常见故障	8
		1-3-2 能分析咖啡设备常见故障的原因	(1) 咖啡设备断电故障的原因分析 (2) 咖啡设备断水故障的原因分析 (3) 咖啡设备不出咖啡故障的原因分析				
2. 咖啡创新与经营	2-1 咖啡饮品的开发	2-1-1 能开发创意咖啡	(1) 对咖啡器具与食材进行创意搭配 (2) 对咖啡豆进行创意选择与搭配 (3) 对咖啡处理技法进行创意搭配	(1) 创意咖啡开发	1) 创意咖啡开发的原则 2) 创意咖啡常用器具与食材的搭配 3) 咖啡豆的选择与创意搭配 4) 咖啡调制技法的创意搭配	(1) 方法：讲授法、项目教学法、实训（练习）法 (2) 重点与难点：咖啡调制技法的创意搭配	4

续表

2.1.4 三级/高级职业技能培训要求					2.2.4 三级/高级职业技能培训课程规范			
职业功能模块（模块）	培训内容（课程）	技能目标	培训细目	学习单元	课程内容	培训建议	课堂学时
2.咖啡创新与经营	2-1 咖啡饮品的开发	2-1-2 能根据新品制订咖啡饮料单	(1) 设计咖啡饮料单版面 (2) 合理规划咖啡饮料单内容	(2) 新品咖啡饮料单设计	1) 咖啡饮料单版面设计方法 2) 咖啡饮料单内容组成与搭配	(1) 方法：讲授法、实训（练习）法 (2) 重点与难点：新品咖啡饮料单设计	4
	2-2 策划与经营	2-2-1 能收集市场需求信息	(1) 咖啡市场信息采集 (2) 客户群调研及同行竞争分析	(1) 收集市场需求信息	1) 信息采集方法与步骤 2) 客户群调研问卷设计 3) 同行竞争分析与评价	(1) 方法：讲授法、讨论法 (2) 重点：信息采集方法与步骤 (3) 难点：同行竞争分析与评价	2
		2-2-2 能建立客户档案	(1) 初步建立客户档案 (2) 对客户档案进行分类并选择目标市场	(2) 建立客户档案	1) 客户档案建立的基本方法 2) 客户档案的分类 3) 目标市场的选择	(1) 方法：讲授法、讨论法 (2) 重点与难点：客户档案建立的基本方法	2
		2-2-3 能根据活动主题提出咖啡厅环境布置方案	(1) 明确咖啡厅市场定位 (2) 评估并选取适合的商圈与地点 (3) 设计咖啡厅环境与形象	(3) 咖啡厅环境布置	1) 咖啡厅市场定位 2) 商圈与地点评估 3) 咖啡厅环境布置及形象设计理念与程序	(1) 方法：项目教学法、讲授法 (2) 重点与难点：咖啡厅环境布置	2
		2-2-4 能计算咖啡饮品的成本及毛利	(1) 咖啡饮品成本核算法 (2) 编制成本控制方案	(4) 咖啡饮品成本及毛利的计算	1) 咖啡饮品成本核算方法 ①品种法 ②分批法 ③分步法 ④分类法 ⑤ABC成本法 2) 咖啡饮品成本控制方案 ①原料性价比 ②制作效率	(1) 方法：讲授法、讨论法 (2) 重点与难点：咖啡饮品成本核算方法	4

续表

2.1.4 三级/高级职业技能培训要求				2.2.4 三级/高级职业技能培训课程规范			
职业功能模块（模块）	培训内容（课程）	技能目标	培训细目	学习单元	课程内容	培训建议	课堂学时
3. 培训与管理	3-1 培训	3-1-1 能编写培训讲义	(1) 培训讲义编写要求 (2) 培训讲义编写方法	(1) 培训讲义编写	1) 培训讲义编写要求 2) 培训讲义编写步骤	(1) 方法：讲授法、案例教学法 (2) 重点与难点：培训讲义编写要求	4
		3-1-2 能培训五级/初级、四级/中级咖啡师	(1) 编写五级/初级、四级/中级培训计划 (2) 撰写五级/初级、四级/中级培训教案 (3) 实施五级/初级、四级/中级培训教学	(2) 五级/初级、四级/中级咖啡师培训	1) 培训计划编写程序 ①明晰培训要求 ②确定培训内容 ③选择培训方式 ④配备培训资料与培训设施 ⑤落实培训课时与作息时间 2) 培训教案内容 3) 培训教学步骤与方法	(1) 方法：讲授法、案例教学法 (2) 重点与难点：培训教学步骤与方法	4
		3-1-3 能进行新知识、新技术培训	(1) 编制新知识培训方案 (2) 制订新技术培训方案	(3) 新知识、新技术培训	1) 新知识培训方案 2) 新技术培训方案	(1) 方法：讲授法、案例教学法 (2) 重点与难点：新技术培训方案	2
	3-2 管理	3-2-1 能对工作团队进行餐饮服务培训	(1) 制订餐饮服务规范 (2) 实施餐饮服务培训	(1) 工作团队餐饮服务培训	1) 餐饮服务规范 2) 餐饮服务实操程序	(1) 方法：讲授法、讨论法 (2) 重点：餐饮服务规范 (3) 难点：餐饮服务实操程序	2
		3-2-2 能根据岗位要求制订服务流程	(1) 咖啡厅岗位设置及职责 (2) 咖啡厅岗位服务流程	(2) 根据岗位要求制订服务流程	1) 咖啡厅岗位设置及职责 2) 咖啡厅各岗位服务流程 ①咖啡厅迎宾服务流程 ②咖啡厅接待服务流程 ③咖啡厅席间服务流程 ④咖啡厅送客服务流程	(1) 方法：实训（练习）法、演示法 (2) 重点与难点：咖啡厅席间服务流程	2
课堂学时合计							60

附录5　二级/技师职业技能培训要求与课程规范对照表

2.1.5　二级/技师职业技能培训要求				2.2.5　二级/技师职业技能培训课程规范			
职业功能模块（模块）	培训内容（课程）	技能目标	培训细目	学习单元	课程内容	培训建议	课堂学时
1.咖啡烘焙与拼配	1-1 咖啡的烘焙	1-1-1 能区分咖啡生豆的品质	(1) 区分咖啡生豆的种类 (2) 挑选品质咖啡生豆	(1) 咖啡的品种	1) 最具代表性的咖啡品种 ①阿拉比卡咖啡特性分析 ②罗布斯塔咖啡特性分析 ③利比里卡咖啡特性分析 2) 阿拉比卡咖啡与罗布斯塔咖啡的特征对比 ①原产地 ②栽培高度 ③耐病虫性 ④咖啡因含量 ⑤有机酸、油脂含量 ⑥含糖量 ⑦香气 ⑧风味	(1) 方法：讲授法、讨论法 (2) 重点与难点：阿拉比卡与罗布斯塔咖啡特征对比	2
				(2) 挑选品质咖啡生豆的标准	1) 以瑕疵豆的数量分等级 ①巴西公认咖啡豆等级评定标准 ②纽约交易所咖啡等级标准 ③印度尼西亚咖啡等级标准 2) 以生豆大小分等级 ①按照筛网分类的咖啡等级 ②以生豆大小分等级的标准 3) 以海拔高度（农场位置）分等级 4) 杯测 ①杯测的定义及意义 ②杯测所需物品 ③杯测操作流程及注意事项	(1) 方法：讲授法、实训（练习）法 (2) 重点与难点：挑选品质咖啡生豆的标准	2

附录

续表

2.1.5 二级/技师职业技能培训要求				2.2.5 二级/技师职业技能培训课程规范			
职业功能模块（模块）	培训内容（课程）	技能目标	培训细目	学习单元	课程内容	培训建议	课堂学时
1. 咖啡烘焙与拼配	1-1 咖啡的烘焙	1-1-2 能根据烘焙度的要求确定加热模式和烘焙时间	（1）测量生豆的状态 （2）合理选择加热模式 （3）调节烘焙曲线	（3）烘豆原理	1）生豆内部结构 ①结构水与自由水 ②蔗糖 ③水蒸气的重要性	（1）方法：讲授法、讨论法 （2）重点与难点：烘豆原理	2
					2）生豆与烘豆机的关系		
					3）生豆内含物质在不同温度区间的变化 ①生豆内含物质 ②糖浆与温度的关系		
				（4）烘焙曲线	1）烘焙曲线的基本架构 ①最佳反应比例温度的补偿概念 ②进豆温与回温点 ③烘焙曲线的建立与参数来源	（1）方法：讲授法、实训（练习）法 （2）重点与难点：烘焙曲线设定的关键	4
					2）烘焙曲线设定的关键 ①最佳反应比例进豆温的设定 ②"梅纳反应"的起始点 ③"梅纳反应"的完整度 ④咖啡豆烘焙结束的判断		
				（5）咖啡豆烘焙的实际操作	1）烘豆机的主要结构与基本操作 ①烘豆机的主要结构 ②烘豆机的基本操作	（1）方法：讨论法、演示法 （2）重点与难点：不同烘焙度要求的烘豆操作流程	8
					2）不同烘焙度要求的烘豆操作流程		

二级／技师职业技能培训要求与课程规范对照表

续表

2.1.5 二级／技师职业技能培训要求				2.2.5 二级／技师职业技能培训课程规范			
职业功能模块（模块）	培训内容（课程）	技能目标	培训细目	学习单元	课程内容	培训建议	课堂学时
1. 咖啡烘焙与拼配	1-1 咖啡的烘焙	1-1-3 能维护咖啡烘焙设备	（1）烘豆机的拆装、清理 （2）烘豆机的润滑	（6）咖啡烘焙设备的操作要求	1）咖啡烘焙机的类型 2）咖啡烘豆机的差异与对应调整	（1）方法：演示法 （2）重点与难点：咖啡烘豆机的差异与对应调整	2
				（7）咖啡烘焙设备的维护技巧	1）咖啡烘焙设备拆装清理技巧 2）咖啡烘焙设备上润滑油技巧	（1）方法：讲授法、演示法 （2）重点与难点：咖啡烘焙设备的维护技巧	2
	1-2 咖啡的拼配	能选择合适的方式进行拼配	（1）根据要求做出合格拼配 （2）运用基本方法进行咖啡拼配	（1）代表性拼配方式的特点	1）拼配的定义 2）生拼的特点 3）熟拼的特点	（1）方法：讲授法 （2）重点与难点：生拼与熟拼的特点	2
				（2）咖啡拼配的基本方法	1）咖啡拼配的基本原则 2）咖啡拼配测试 3）咖啡拼配实操	（1）方法：讲授法、演示法 （2）重点与难点：咖啡拼配的基本方法	6
2. 培训与管理	2-1 培训	能对三级／高级咖啡师进行培训	（1）编写三级／高级培训计划 （2）撰写三级／高级培训教案 （3）实施三级／高级培训教学	（1）培训计划的编写	1）培训计划的内容 2）培训计划的编写程序 ①分析培训任务 ②确定培训目的 ③确定培训内容 ④选择培训方法 ⑤确定培训资料与培训设施 ⑥制订课时计划 3）培训计划的编写演练	（1）方法：讲授法、案例教学法 （2）重点与难点：培训计划的编写	4
				（2）培训教案的编写	1）培训教案的编写程序 2）培训教案的编写要求 3）培训教案的编写演练	（1）方法：讲授法、案例教学法 （2）重点与难点：培训教案的编写	4
				（3）培训教学的实施	1）课堂教学的基本过程及其要求 2）课堂教学过程组织	（1）方法：讲授法、案例教学法 （2）重点与难点：课堂教学过程组织	4

附录

续表

2.1.5 二级/技师职业技能培训要求				2.2.5 二级/技师职业技能培训课程规范			
职业功能模块（模块）	培训内容（课程）	技能目标	培训细目	学习单元	课程内容	培训建议	课堂学时
2. 培训与管理	2-2 管理	能对工作团队的人员进行分工并带领团队实现工作目标	(1) 设计咖啡店的组织架构 (2) 配备各岗位人员 (3) 编制各岗位职责 (4) 编制各工作任务的标准操作流程	(1) 人员管理	1) 咖啡店组织架构的设置 2) 咖啡店各岗位人员的调配	(1) 方法：讲授法、案例教学法 (2) 重点与难点：咖啡店组织架构的设置与各岗位人员的调配	2
				(2) 组织管理	1) 各岗位职责描述 2) 各岗位的工作要求	(1) 方法：讲授法、案例教学法 (2) 重点与难点：各岗位职责描述及工作要求	2
3. 开店指导与经营管理	3-1 开店指导	3-1-1 能进行市场研判及分析	(1) 咖啡店市场定位分析 (2) 综合评估并确定适合的商圈与地点	(1) 咖啡店选址	1) 咖啡店市场定位的细分 2) 适合商圈与地点的综合评估标准 3) 客户群调研及同行竞争分析	(1) 方法：讲授法、案例教学法 (2) 重点与难点：适合商圈与地点的综合评估标准	2
		3-1-2 能制订开店方案	(1) 开店的基本常识 (2) 开店方案的制订方法	(2) 开店基本常识	1) 投资与经营方式的选择 2) 办理经营许可证的程序 3) 组建经营团队与员工招聘	(1) 方法：讲授法、案例教学法 (2) 重点与难点：投资与经营方式的选择	2
				(3) 开店基本内容及方案制订	1) 开店基本内容 ①咖啡店装修设计 ②咖啡店设备配置 ③产品定价及原料供应商选择 ④店员招聘及培训 2) 开店方案的制订 ①开店流程的设计 ②开店方案的确定	(1) 方法：案例教学法、实训（练习）法 (2) 重点与难点：开店方案的制订	2
	3-2 经营管理	3-2-1 能进行店内成本核算	(1) 成本核算常识	(1) 成本核算及控制	1) 成本核算 ①成本核算的常识 ②成本核算报表的编制与填写	(1) 方法：案例教学法、实训（练习）法 (2) 重点与难点：成本控制方案的制订	2

续表

2.1.5 二级/技师职业技能培训要求				2.2.5 二级/技师职业技能培训课程规范			
职业功能模块（模块）	培训内容（课程）	技能目标	培训细目	学习单元	课程内容	培训建议	课堂学时
3. 开店指导与经营管理	3-2 经营管理	3-2-1 能进行店内成本核算	（2）成本控制方案的编制	（1）成本核算及控制	2）成本控制 ①成本控制的方法 ②成本控制方案的制订	（1）方法：案例教学法、实训（练习）法 （2）重点与难点：营销方案的编制	6
		3-2-2 能制订营销方案	（1）咖啡店经营管理常识 （2）营销方案的编制	（2）运营策划	1）咖啡店经营管理常识 2）经典运营案例分析 3）营销方案的编制 ①营销方案的内容 ②营销方案的编制程序 ③营销方案的编制演练		
课堂学时合计							60